百姓家生活馆

精选 好学易做

家常小炒

黄远燕 主编

U0391082

江苏美术出版社

前言
PREFACE

中国人注重饮食，一方面运用各种烹调技术，对美味的追求几乎达到了极致；另一方面人们对于饮食的追求还源于"药补不如食补"的文化基础。饮食不单单是为了饱腹，也被用来维护健康。对于中国老百姓而言，家常炒菜是生活中必不可少的，而想尽量减少食材营养的损失，从食材的选择、搭配、火候的控制、调料放入的时间、烹调时间的掌控等，每一个细节都是不容忽视的。

本丛书从家常菜肴的基础入手，从原料的健康功效、营养成分、选购要点、健康提示说起，选择最家常的菜式、最基础的做法一一进行讲解。《精选好学易做家常小炒》网罗500例日常菜肴，均为最经典的菜式，最地道的做法。本书分为时尚蔬菜篇、可口禽蛋篇、美味畜肉篇、鲜美水产篇四部分，让您不必苦恼于每天的三餐吃什么，只需翻开书页便可轻松烹调家常小菜，照顾好家人的身体，留住营养，保住健康。本书每款佳肴都是寻常人家爱吃的菜式，期待让您的餐桌从此菜式丰富、色香味俱全、营养均衡全面。

contents

目 录

13 时蔬篇

可口禽蛋篇

129 美味畜肉篇

187 鲜美水产篇

237

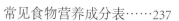

附录

时蔬篇

随着生活水平的提高，人们对于时蔬的需求量也在大大增加，这就需要日益丰富、多样化的蔬菜新品种，也需要营养健康的烹调方法。

●常见食材的选购与功效

01 韭菜　每餐100~200克。

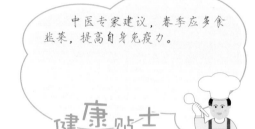

{健康功效}

　　韭菜具有促进食欲和降低血脂的作用，对高血压、冠心病、高血脂等有一定的疗效。能增进胃肠蠕动，可有效预防习惯性便秘和肠癌。中医认为，韭菜为辛温补阳之品，能温补肝肾，保暖健胃。

{营养成分}

　　每100克韭菜：热量16千卡、蛋白质2.7克、脂肪0.4克、碳水化合物0.3克、膳食纤维1.6克、钙48毫克、钠2.7毫克。

{选购要点}

一看叶子：叶片肥厚，叶色青绿，新鲜柔嫩不软垂，无病虫害，无烂叶，无断枝，无抽薹，干爽整洁。叶片宽大异常的韭菜，可能使用生长激药物，购买时需谨慎。

二看切口：韭菜切口平，是刚割放的；如呈倒宝塔状，便是割放已有一两天了。

> 中医专家建议，春季应多食韭菜，提高自身免疫力。

健康贴士

02 菠菜　每餐150~200克。

{健康功效}

　　菠菜中含有大量的抗氧化剂，具有抗衰老，促进细胞生长的作用，常吃既能激活大脑功能，又有助于改善老年人记忆减退。儿童多食菠菜，能补充生长所需的钙，是防治佝偻病的理想蔬菜。

{营养成分}

　　每100克菠菜：热量24千卡、蛋白质2.6克、脂肪0.3克、碳水化合物4.5克、膳食纤维1.7克、钙66毫克、铁2.9毫克。

{选购要点}

一看茎：叶子短，品质好，口感软糯；叶子长，品质差，纤维多，口感不好。

二看叶：叶色淡绿的质量好；叶色深绿的质量差。

> 每周食用2~4次菠菜的中老年人，可以减少视网膜退化的风险和几率。

健康贴士

03 圆白菜　每餐100-200克。

{健康功效}

圆白菜能提高人体免疫力，预防感冒，提升癌症患者的生活质量。在抗癌蔬菜中，圆白菜排在第五位。多吃圆白菜，可增进食欲，促进消化，预防便秘。圆白菜也是糖尿病和肥胖患者的理想食物。

{营养成分}

每100克圆白菜：热量22千卡、蛋白质1.5克、脂肪0.2克、碳水化合物3.6克、膳食纤维0.5毫克、钙49毫克、铁0.6毫克。

{选购要点}

一按：用手使劲按菜球，感觉坚硬紧实的较好。如顶部隆起，表示球内开始抽薹，中心柱过高，食用口味较差，不要买；松散的表示包心不紧，也不宜购买。

二看：浅绿色、叶片嫩、无虫眼；如果已经切开，再看切面，菜芯未长到上方的为佳。

切丝凉拌，制作沙拉或绞汁饮用，能较好地保存所含的营养成分。

健康贴士

04 油麦菜　每餐150-250克。

{健康功效}

油麦菜是生食蔬菜中的上品，有"凤尾"之称。油麦菜具有降低胆固醇、治疗神经衰弱、清燥润肺、化痰止咳等功效，是一种低热量、高营养的蔬菜。

{营养成分}

每100克油菜：热量15千卡、蛋白质1.4克、脂肪0.4克、碳水化合物2.1克、膳食纤维0.6克、钙70毫克、铁1.2毫克、 磷31毫克。

{选购要点}

一看：颜色发自然的绿。

二看：叶子水灵发挺，没有发黄或者枯烂的地方。

油麦菜性寒凉，一次不要食用过多。每次150~250克为宜。

健康贴士

05 茼蒿

每餐80-150克。

{健康功效}

　　茼蒿中含有特殊香味的挥发油，有助于宽中理气、消食开胃、增加食欲。茼蒿含有多种氨基酸、脂肪、蛋白质及较高含量的钠、钾等矿物盐，能调节体内水液代谢，通利小便，消除水肿。

{营养成分}

　　每100克茼蒿：热量21千卡、蛋白质1.9克、脂肪0.3克、碳水化合物2.7克、膳食纤维1.2克、钙73毫克、铁2.5毫克、磷36毫克、钾220毫克、钠161.3毫克。

{选购要点}

一看形状：茼蒿有尖叶和圆叶两种。尖叶茼蒿叶片小，缺刻多，口感粳硬，但香味浓；圆片茼蒿叶宽大，缺刻浅，口感软糯。

二看色泽：新鲜茼蒿通体呈深绿色。茎杆或切口变成褐色，表明放的时间太久了。

火锅中加入茼蒿，可促进鱼类或肉类蛋白质的分解，有益于营养的摄取。

健康贴士

06 生菜

每餐100-250克。

{健康功效}

　　生菜能改善胃肠血液循环，促进脂肪和蛋白质的消化吸收。中医认为生菜具有镇痛催眠、降低胆固醇等功效。

{营养成分}

　　每100克生菜：热量12千卡、蛋白质1.3克、脂肪0.3克、碳水化合物1.4克、膳食纤维0.7克、钙36毫克、铁1.3毫克、磷24毫克、钾250毫克、钠147毫克。

{选购要点}

一看叶茎：菜色青绿，叶大而身短，茎部带白的会较好吃。无烂叶、无蔫叶、无干叶、无虫害、无病斑。

二看形状：以略微横向散开的形状为佳。有高度的生菜因芯部生长过度，纤维已变硬且微有苦味。

将生菜切碎用少量油炒后食用，与生吃相比，营养素的吸收率可提高10倍左右。

健康贴士

07 胡萝卜

每餐150-200克。

{健康功效}

胡萝卜中富含的胡萝卜素可转化成维生素A，使人的眼睛在暗光放看东西更清楚，而且能预防夜盲症和干眼病。中医认为：胡萝卜有健脾化湿，放气补中，利胸隔，安肠胃，防夜盲等功效。

{营养成分}

每100克胡萝卜：热量38千卡、蛋白质0.9克、脂肪0.3克、碳水化合物7.9克、膳食纤维1.2克、胡萝卜素17毫克、钙65毫克、铁0.4毫克、磷20毫克。

{选购要点}

一看形状：无论选购哪种胡萝卜，都要匀称直溜，无根毛、无裂口。

二看色泽：色泽新鲜，表皮无污点。顶部不带绿色或紫红色，颜色深的比浅的好。

不要生吃胡萝卜，生吃胡萝卜不易消化吸收，90%的胡萝卜素会因不被人体吸收而直接排泄掉。

健康贴士

08 莲藕

每餐150-250克。

{健康功效}

莲藕含糖量不高，对于肝病、便秘、糖尿病等一切有虚弱之症的人都十分有益。中医认为，生食藕能凉血散淤，清热润肺，补心益肾，滋阴养血，补五脏之虚，强壮筋骨。久食可安神，开胃。

{营养成分}

每100克莲藕：热量84千卡、蛋白质1.9克、脂肪0.1克、碳水化合物15.2克、膳食纤维1.2克、钙1毫克、铁2.5毫克。

{选购要点}

一看形：好藕两头带蒂，红藕又短又粗，白花藕形长而细，截口在藕节外，无破损，不带尾，表面光滑。

二指划：用手指甲往藕身上轻轻划一下，肉质脆嫩的可划破，较老的仅划出一条浅浅痕迹。

发烧且口渴严重时，可饮用鲜藕汁，既能退烧又能解渴。

健康贴士

09 芹菜 每餐100-200克。

{健康功效}

芹菜有一定降血压、镇静和保护血管的作用，又可健胃、利尿、净血。芹菜含铁量较高，能补充妇女经血的损失，是缺铁性贫血患者的佳蔬，食用能避免皮肤苍白、干燥、面色无华。

{营养成分}

每100克芹菜：热量13千卡、蛋白质0.6克、碳水化合物2.7克、膳食纤维0.9克、钙152毫克、铁8.5毫克、磷18毫克、钾163毫克。

{选购要点}

一看茎部：茎梗粗大，内侧凹沟小。茎梗不宜太长，20～30厘米为宜。

二掐茎部：用手掐一放芹菜的杆部，易折断的为嫩芹菜，不易折的为老芹菜。

芹菜叶中所含的维生素C比茎多，含有的胡萝卜素也比茎部高，所以长期食用芹菜叶做的汤可以帮助人安眠入睡，使皮肤有光泽。

健康贴士

10 土豆 每餐100-150克。

{健康功效}

土豆对中风和高血压等心血管疾病有防治功效；同时能够增强血管弹性，有利于减少患高血压和中风的风险。中医认为，土豆补中益气，健脾胃、消炎，对治疗胃及十二指肠球部溃疡有极好的效果。

{营养成分}

每100克土豆：热量88千卡、蛋白质1.7克、脂肪0.3克、碳水化合物19.6克、膳食纤维0.3克、钙47毫克、铁0.5毫克、磷64毫克、钾302毫克、钠0.7毫克。

{选购要点}

一看形状：肥大而匀称者为佳。圆形的土豆属于粉质型；细长的土豆则属于黏质型。

二看表面：表皮光洁，芽眼较浅。无毛根泥土，无干疤和糙皮，无病斑、无发芽、无虫咬和机械外伤。

想减肥的人，只要将土豆列为每日必吃主食吃上一段时间，便能收到"越食吃越美丽"的效果。每次吃1个中等大小的土豆就够了。

健康贴士

11 芦笋

每餐100-200克。

【健康功效】

芦笋可以使细胞生长正常化，具有防止癌细胞扩散的功能。国际癌症病友协会研究认为，它对膀胱癌、肺癌、皮肤癌和肾结石的防治等有一定效果。经常食用对心脏病、高血压等病症有疗效。

【营养成分】

每100克芦笋：热量19千卡、蛋白质1.4克、脂肪0.1克、碳水化合物4.9克、膳食纤维1.9克、钙10毫克、磷42毫克、钾213毫克。

【选购要点】

一看形状：条状完整、正直，表皮鲜亮不萎缩；长度在23厘米左右，基部直径1.5厘米以上，无空心、无刀伤或虫蚀缺损者为佳品。

二看根梢：梢部花苞紧密，略呈紫色；根部应呈圆形而不是扁圆形。否则表示老化。

辅助治疗肿瘤疾患时应保证每天（每餐50克）食用才能有效。

健康贴士

12 冬瓜

每餐150-250克。

【健康功效】

冬瓜有抗衰老的作用，久食可保持皮肤洁白如玉，润泽光滑，并可保持形体健美。现代医学认为，冬瓜有利尿排钠，清热养胃的作用。对动脉硬化、冠心病、高血压、肾炎有良好的治疗效果。

【营养成分】

每100克冬瓜：热量11千卡、蛋白质0.4克、脂肪0.2克、碳水化合物2.6克、膳食纤维0.7克、钙19毫克、铁0.2毫克。

【选购要点】

一看表皮：表皮黑亮、并有一层粉末，且无伤、无锈斑、无腐烂，带黏液。

二看瓜形：个体较大，瓜体匀称，呈长棒形的肉厚，瓤少，可食率较高。

冬瓜是一种解热利尿的日常食物，连皮一起煮汤，效果更好。

健康贴士

蚝油生菜

健康提示 | 此菜具有利尿、抗病毒的疗效。

{材 料} 生菜500克，大蒜、植物油、蚝油、酱油、香油各适量。

{做 法}

① 生菜洗净，沥净水分备用；把大蒜去皮洗净，剁成细粒。

② 锅内放油烧至油滚，然后放入生菜煸炒至软，捞出放在盆内。

③ 锅内放少许油，烧热后放入蒜末和蚝油炒出香味，加上酱油炒至浓稠状，和香油一同淋在生菜上。

{制作要点} 生菜用手撕成片，吃起来会比刀切的脆。

香菇炒菠菜

健康提示 | 此菜能促进人体新陈代谢。

{材 料} 菠菜300克，香菇50克，大蒜、植物油、水淀粉、姜、盐、料酒各适量。

{做 法}

① 菠菜洗净，撕成小块后放入沸水中焯，捞出沥干水。

② 香菇去蒂切片；姜切片；蒜去皮，剁成细末。

③ 锅内放油烧热，放入蒜末和香菇丝煸炒片刻，再放入菠菜炒匀，加入料酒、盐，用水淀粉勾芡混炒即成。

{制作要点} 菠菜煮熟才能破坏掉菠菜的草酸。

番茄圆白菜

健康提示 | 此菜能补血养血，并增进食欲。

{材 料} 圆白菜400克，番茄1个，植物油、葱、料酒、盐、大蒜、葱各适量。

{做 法}

① 圆白菜洗净后切丝；大蒜去皮，切末；番茄洗净，切月牙形；葱洗净，切段。

② 锅内倒油烧热，爆香蒜末、葱段，放入番茄炒香。

③ 加入圆白菜用大火翻炒，放入料酒、盐炒匀，炒熟即可。

{制作要点} 番茄生吃也可以的，所以注意火候和时间。

枸杞炒苦瓜

健康提示│此菜能清心明目、润脾补肾。

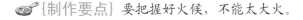

{材料} 苦瓜1根，枸杞20克，植物油、盐、香油各适量。

{做法}

① 苦瓜对半切开，去籽洗净，切小块备用。
② 锅内放植物油、水、盐烧沸后，放入苦瓜块煮2分钟，捞出沥干。
③ 净锅放油烧热，放入苦瓜块和枸杞爆炒片刻，加上盐炒匀，淋上香油即可。

{制作要点} 要把握好火候，不能太大火。

银杏双菜

健康提示│白菜有除烦解渴、利尿通便的效果。

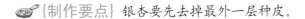

{材料} 银杏、油菜各50克，白菜心250克，盐、植物油各适量。

{做法}

① 白菜心去根，顺长切条，叶相连；油菜、银杏洗净。
② 锅中加水烧沸，将白菜汆水，捞出。
③ 起油锅放入白菜心、油菜、银杏翻炒至熟，加盐调味即可。

{制作要点} 银杏要先去掉最外一层种皮。

素炒冬瓜片

健康提示│常食冬瓜可防止人体发胖。

{材料} 冬瓜500克，香菇10克，植物油、水淀粉、老抽、精盐、白糖、生姜、香葱各适量。

{做法}

① 冬瓜去皮和籽，切片；香菇切片；生姜切片；香葱切小段。
② 烧锅放油，放入姜片、香菇、冬瓜块煸炒。
③ 炒至快熟时，加入适量水和老抽、精盐、白糖，用水淀粉勾芡，加入葱段，再翻炒至汁稠即可。

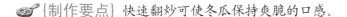

{制作要点} 快速翻炒可使冬瓜保持爽脆的口感。

鲜味冬瓜烧 健康提示 | 此菜有平肝清热的功效。

{材料} 冬瓜300克，豆腐皮、芹菜、番茄各25克，精盐、料酒、胡椒粉、葱、蛋清、水淀粉、香油、植物油各适量。

{做法}

① 豆腐皮烫软，撒入精盐、胡椒粉，放入蛋清和淀粉调好的浆，卷成圈，放到锅中蒸5分钟，取出晾凉后切段。

② 冬瓜去皮和瓤，洗净切片；葱切花；芹菜、番茄洗净，切丁。

③ 烧锅放油放葱花、冬瓜炒匀，加料酒、胡椒粉、芹菜、番茄翻炒10分钟，加入豆腐大火收汁，用水淀粉勾芡，淋入香油即可。

{制作要点} 根据个人口味调制芡汁。

胡萝卜炒芦笋 健康提示 | 此菜对心脏病有一定疗效。

{材料} 胡萝卜1根，芦笋300克，盐、酱油、植物油各适量。

{做法}

① 芦笋洗净，切段；胡萝卜去皮，洗净切条。

② 烧锅放油，放入芦笋和胡萝卜一起煸炒至熟。

③ 加入盐、酱油调味，起锅即可。

{制作要点} 购买芦笋时要选择鲜嫩的，口感才会好。

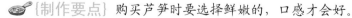

土豆炒南瓜 健康提示 | 此菜有补中益气的作用。

{材料} 土豆300克，南瓜500克，高汤、黄酱、盐、花椒水、八角、葱、姜、植物油各适量。

{做法}

① 土豆去皮切片；葱切段；姜切片；南瓜洗净去籽，切片。

② 起油锅放葱段、姜片炝锅，添高汤，加入黄酱、盐、花椒水、八角、土豆和南瓜翻炒。

③ 旺火炒沸后转小火炒至熟，待汁浓稠时即可。

{制作要点} 南瓜可先入沸水中焯烫，更易熟。

芦笋炒百合　健康提示 | 此菜对热病后期者有益。

{材料} 芦笋200克，百合1颗，蚝油、生姜、盐、胡椒粉、植物油各适量。

{做法}
① 百合切去头、尾脏的部分，掰成片，清洗干净。
② 芦笋洗净后切去根部，放入沸水中焯烫捞出，浸入凉水中放凉后捞出，切成段。
③ 烧锅放油放入姜片爆香，放入芦笋和百合用大火翻炒片刻，再调入胡椒粉、蚝油和盐炒匀即可出锅。

{制作要点} 百合易熟，烹调时间不宜过长，否则会影响口感。

滑烧茄子　健康提示 | 此菜对于热毒、皮肤溃疡有疗效。

{材料} 茄子1根，猪肉100克，葱、姜、糖、植物油、酱油、料酒、鸡粉各适量。

{做法}
① 茄子切滚刀块；猪肉切成肉末；葱、姜切末待用。
② 烧锅放油，放入肉末煸炒至变白，盛起待用。
③ 原锅烧热，放入茄子煸炒至由硬变软时，放入肉末、酱油、葱末、姜末、料酒、糖和少量水，翻炒5分钟，放入鸡粉炒匀即可出锅。

{制作要点} 调味料时放点醋可增进食欲。

鱼香茄子　健康提示 | 常吃茄子对延缓衰老有积极意义。

{材料} 茄子1根，咸鱼1条，蚝油、盐、白糖、胡椒粉、姜、蒜、葱、香油、淀粉、植物油各适量。

{做法}
① 咸鱼切丁；茄子去皮，切条；葱洗净，切段；姜、蒜切片。
② 烧锅热油放咸鱼，炸香捞出备用。
③ 另取净锅烧油，放入姜片、蒜片、葱段、蚝油炒香，加入茄条、咸鱼炒至熟时，放盐、白糖、胡椒粉调味，最后淋上香油即可。

{制作要点} 茄子适用于烧、焖、蒸、炸、拌等烹调方式。

土豆炒苦瓜　健康提示｜此菜适宜高血压患者食用。

{材料} 土豆2个，苦瓜1根，高汤、葱、姜、盐、花椒、酱油、植物油各适量。

{做法}

① 土豆去皮洗净，切片；苦瓜去瓤切片；葱切花；姜、香菜切末。
② 起油锅放入姜末炒香，加酱油、花椒、高汤和土豆翻炒。
③ 再放入苦瓜炒至熟，加盐调味，撒葱花即可。

{制作要点} 如果不喜欢苦瓜的苦味，可先用盐水浸泡。

蒜苗炒山药　健康提示｜蒜苗具有醒脾气的功效。

{材料} 山药300克，蒜苗100克，红辣椒2个，植物油、精盐、姜丝各适量。

{做法}

① 山药去皮，洗净，切厚片。
② 蒜苗洗干净，切段；红辣椒洗净，切丝。
③ 烧锅放油，放入红辣椒丝、姜丝煸出香味，加山药、蒜苗翻炒至熟，加入精盐即可。

{制作要点} 品质好的蒜苗应该鲜嫩，叶色鲜绿。

红椒炒雪里蕻　健康提示｜适宜肺喘咳嗽者。

{材料} 雪里蕻300克，红尖椒1个，植物油、蒜、盐各适量。

{做法}

① 将雪里蕻洗净切段；红尖椒洗净切丝；蒜切末。
② 起油锅，爆香蒜末，放入红尖椒翻炒至七成熟。
③ 放入雪里蕻同炒至熟，放盐调味即可。

{制作要点} 为了保持菜色的鲜亮，需要小火轻炒。

三丝炒银芽

健康提示 | 胡萝卜有益肝明目的功效。

{材 料} 胡萝卜1根，绿豆芽100克，韭菜50克，木耳30克，盐、植物油、蒜蓉各适量。

{做 法}

① 绿豆芽洗净；韭菜洗净，切段；胡萝卜切丝；木耳浸发后切丝。

② 锅内放油烧热，放入以上食材煸炒。

③ 炒至熟时，再加蒜蓉、盐，炒匀即可。

{制作要点} 选购绿豆芽，新鲜的即可。

四色炒玉米

健康提示 | 玉米具有清湿热的功能。

{材 料} 玉米1根，豌豆、香菇、冬笋各50克，红辣椒、植物油、葱、姜、料酒、精盐各适量。

{做 法}

① 香菇温水泡软；红辣椒、冬笋洗净，切丁；玉米拔粒，洗净。

② 把玉米粒、豌豆、香菇、冬笋、红辣椒一起焯水烫透，捞出沥干。

③ 烧锅放油，放入葱、姜末爆香，放入料酒、精盐和沥干水分的五色原料，翻炒至入味即可。

{制作要点} 香菇要用温水泡软，香菇水有营养，可另用。

酸甜菠萝

健康提示 | 此菜能补肾生精、养肝明目。

{材 料} 菠萝1个，木耳50克，水淀粉、植物油、盐、酱油各适量。

{做 法}

① 木耳浸泡切片；菠萝去皮，切块。

② 烧锅放油，把菠萝和木耳放进去翻炒。

③ 添适量清水煮片刻，加盐、酱油炒匀，用水淀粉勾芡即可。

{制作要点} 菠萝放淡盐水里浸泡，再用凉水浸洗，口感会更好。

香炒土豆块 健康提示 | 土豆有和胃调中的功效。

{材 料} 土豆2个，植物油、白醋、精盐、红尖椒、姜末各适量。

{做 法}
1. 土豆洗净去皮，切块；红尖椒去蒂去籽，切小条；
2. 烧锅放油，放入土豆块炸至熟透，呈金黄色时捞出沥干油。
3. 再热锅放入姜末炝锅，放入红尖椒煸炒，出红油后再放入土豆块、白醋、精盐翻炒均匀，即可出锅。

{制作要点} 选购土豆要选没有破皮的，还要尽量选圆的。

椒炒土豆丝 健康提示 | 辣椒具有开胃消食的功效。

{材 料} 土豆2个，青、红尖椒各1个，植物油、盐、米醋、蒜末各适量。

{做 法}
1. 土豆洗净，去皮后切细丝，放入沸水焯一下后放冷水过凉；青、红尖椒去蒂和籽，洗净后切细丝。
2. 烧锅放油放入蒜末和青、红椒丝煸炒出香辣味。
3. 加入土豆丝、盐翻炒均匀，淋上米醋即可。

{制作要点} 注意不要选购有芽的和绿色的土豆。

酸辣土豆丝 健康提示 | 土豆有宽肠通便的功效。

{材 料} 土豆2个，青椒2个，植物油、花椒粒、葱段、姜丝、白醋、精盐各适量。

{做 法}
1. 土豆去皮切丝；青椒切丝。
2. 烧锅放油把花椒粒放进去，炒出香味后捞出；再放入葱段、姜丝爆出香味。
3. 放入土豆丝和青椒丝，翻炒至土豆丝呈半透明状，放入白醋、精盐翻炒片刻即可。

{制作要点} 土豆洗净切丝后过冷水，可去表面的淀粉。

香炒莲藕
健康提示 | 莲藕主补中养神、益气力。

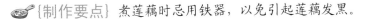

{材 料} 莲藕1根，青、红尖椒各25克，植物油、白糖、精盐、湿淀粉、花椒、香油各适量。

{做 法}
① 青、红尖椒去蒂和籽，切小片；莲藕去皮，切片。
② 烧锅放油放花椒爆出香味，捞出花椒不用。
③ 放入藕片翻炒片刻，加白糖、精盐翻炒至熟，加入青、红尖椒炒匀，用水淀粉勾芡，淋上香油即可。

{制作要点} 煮莲藕时忌用铁器，以免引起莲藕发黑。

三色莲藕丁
健康提示 | 莲藕有健脾止泻作用。

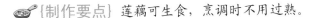

{材 料} 莲藕300克，青、红尖椒各1个，植物油、水淀粉、葱、香油、盐、白糖各适量。

{做 法}
① 莲藕去皮，切丁；尖椒洗净，去蒂和籽，斜切丁；葱切小粒。
② 烧锅放油放入尖椒丁爆炒片刻，盛出。
③ 再热锅放入葱粒炝锅，放入莲藕丁和尖椒丁快速翻炒，加入用盐、白糖炒匀，用水淀粉勾芡，淋上香油即可。

{制作要点} 莲藕可生食，烹调时不用过熟。

椒盐香菇
健康提示 | 香菇有补肝肾、健脾胃的功效。

{材 料} 香菇150克，鸡蛋1个，青、红尖椒各1个，植物油、淮盐、胡椒粉、辣椒油、淀粉、蒜蓉、葱花各适量。

{做 法}
① 香菇浸透，去蒂，切片；青、红尖椒切块。
② 香菇吸干水分后加鸡蛋液、淀粉拌匀，放入油锅炸至酥脆，捞起。
③ 另起锅放入蒜蓉、葱花、椒块及炸好的香菇，调入淮盐，翻炒至入味，加入胡椒粉、辣椒油即可出锅。

{制作要点} 香菇要先泡发。

 制作要点

　　炒韭黄的时候火
候是关键，过火会
发韧；火候不足则
呛鼻。

鸡丝炒韭黄

{材 料}

鸡脯肉200克，韭黄300克，香菇20克，蛋清、姜丝、蒜泥、精盐、料酒、水淀粉、植物油各适量。

{做 法}

科学配餐：滑炒猪血 （P30）

科学配餐：芹菜辣兔丁 （P162）

① 韭黄洗净切段；香菇切丝；鸡脯肉切中丝，用蛋清、水淀粉抓匀；用精盐、水淀粉调成芡汁。

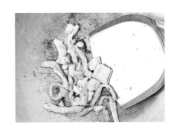

② 起油锅放入鸡丝泡油至刚熟，捞出沥油。

③ 原锅烧热放入姜丝、蒜泥爆炒至有香味，放入香菇、韭黄、鸡丝、料酒翻炒至熟，用芡汁勾芡，炒匀即可。

韭黄含有一定量的胡萝卜素，对眼睛以及人体免疫力都有益处。其味道辛辣，可促进食欲。

健康贴士

29

百合炒腊肠
健康提示 | 百合对失眠多梦有一定疗效。

{材 料} 百合150克,腊肠100克,荷兰豆50克,植物油、盐、葱末、蒜末各适量。

{做 法}
① 百合洗净,掰成瓣;腊肠洗净,斜切成片。
② 烧锅放入腊肠片煸炒片刻,出锅备用。
③ 热锅放入葱末、蒜末爆香,加入全部食材炒至熟,加入盐炒匀即可。

{制作要点} 腊肠本身会出油,不用加油也可以。

西芹百合炒腊肉
健康提示 | 芹菜有降血压功能。

{材 料} 百合、西芹各100克,腊肉150克,胡萝卜1根,蒜蓉、姜片、盐、糖、水淀粉、植物油各适量。

{做 法}
① 腊肉切片;西芹去筋切片;百合掰开洗净;胡萝卜去皮切片。
② 烧锅放油放入蒜蓉、姜片、腊肉炒片刻。
③ 把剩放的食材放入锅中一起翻炒,加盐、糖、水淀粉勾芡即可。

{制作要点} 鲜百合焯水后,可捞出用冷水过凉。

滑炒猪血
健康提示 | 老年人常吃猪血能延缓机体衰老。

{材 料} 猪血300克,青、红尖椒各1个,冬笋25克,植物油、葱末、姜末、酱油、水淀粉、盐各适量。

{做 法}
① 猪血切大块,放入沸水中烫透捞出,在清水里过凉,沥干水分;青、红尖椒去籽,洗净切块;冬笋洗净去皮,切菱形片。
② 烧锅放油放入青、红尖椒块煸炒片刻,取出备用。
③ 原锅热油放葱末、姜末炝锅,放入猪血块、冬笋片、酱油、盐炒沸,用水淀粉勾芡,放入青、红尖椒块,炒匀即可。

{制作要点} 猪血易碎,炒之前可先入沸水余烫。

猪血炒豆芽 健康提示 | 猪血具有醒酒利尿的功效。

{材 料} 猪血250克，豆芽100克，姜、葱、白酒、植物油、盐、鸡精各适量。

{做 法}
① 烧开水放洗净的猪血，加少许盐、白酒，煮开后捞起，切小块；豆芽摘去根部；葱切长段；姜切丝。
② 烧锅放油爆香姜丝，放入猪血两面分别煎1~2分钟。
③ 放豆芽进去大火爆炒，炒至断生即可，加入葱段翻炒片刻，放盐、鸡精调味。

{制作要点} 注意不要让猪血凝块破碎。

红椒炒猪血 健康提示 | 红椒有温中散寒的功效。

{材 料} 猪血500克，红椒100克，干辣椒、植物油、葱、姜、醋、酱油、白酒各适量。

{做 法}
① 猪血切片；红椒去籽洗净，切条。
② 烧锅放油放干辣椒爆香，再放入猪血和白酒，大火翻炒片刻。
③ 加入红椒、葱、姜、醋、酱油，大火翻炒1分钟即可。

{制作要点} 根据个人口味来放干辣椒的分量。

柿子椒炒芹菜 健康提示 | 此菜经常食用可降低血糖。

{材 料} 芹菜250克，红柿子椒1个，葱花、姜末、精盐、鸡精、植物油各适量。

{做 法}
① 芹菜洗净，切段，放入沸水焯一放，捞出晾凉。
② 红柿子椒洗净，去籽切丝。
③ 烧锅放油放葱花、姜末爆香，放入芹菜、红柿子椒翻炒至熟，调入精盐、鸡精，炒匀装盘，再撒些许葱花。

{制作要点} 根据个人口味来烹调即可。

芹菜豆腐干

健康提示 | 此菜是糖尿病患者的食疗佳品。

🥘 {材 料} 芹菜250克，豆腐干100克，植物油、盐、花椒、姜丝、淀粉各适量。

🍲 {做 法}

① 豆腐干切条；芹菜切段，放入沸水锅中焯烫捞出；花椒泡热水制成花椒水。

② 烧锅放油放姜丝炝锅，放入豆腐干炒透。

③ 再放芹菜和盐、花椒水，大火炒至熟，淀粉勾芡出锅即可。

🍳 {制作要点} 花椒水根据个人口味来调制。

清炒苋菜

健康提示 | 苋菜有清热解毒、治痢的功效。

🥘 {材 料} 苋菜250克，虾米20克，盐、植物油各适量。

🍲 {做 法}

① 苋菜洗净，取嫩尖；虾米洗净。

② 烧锅放油放入苋菜干炒，再放虾米炒至熟。

③ 放盐调味，即可起锅。

🍳 {制作要点} 在炒苋菜时会出很多水，所以烹调过程不用加水。

蒜香苋菜

健康提示 | 苋菜具有清热、行水、滑肠的功效。

🥘 {材 料} 苋菜80克，蒜瓣10克，葱花、盐、植物油各适量。

🍲 {做 法}

① 苋菜洗净；蒜瓣去皮，洗净，切末。

② 烧锅放油放葱花炒香，放入苋菜翻炒至熟。

③ 最后放入蒜末和盐调味即可。

🍳 {制作要点} 在快出锅时再放入蒜末，这样香味最为浓厚。

圆白菜炒木耳

健康提示｜此菜能预防糖尿病并发症。

{材 料} 圆白菜250克，木耳50克，盐、醋、淀粉、植物油各适量。

{做 法}
1. 圆白菜去老叶，洗净沥干水，切骨牌状；木耳洗净浸泡，用手撕小块；用精盐、醋、淀粉和水，调成芡汁。
2. 烧锅放油热时放圆白菜快速煸炒，见菜变软呈白玉色时，放入木耳同炒片刻。
3. 随即放入芡汁，炒至汁浓稠，即可出锅。

{制作要点} 注意油要烧热，炒时要快速，防止营养损失。

圆白菜炒粉丝

健康提示｜多吃圆白菜可增进食欲。

{材 料} 圆白菜300克，粉丝100克，料酒、酱油、精盐、醋、花生油、花椒油、葱、姜、蒜各适量。

{做 法}
1. 圆白菜洗净，切丝；粉丝用温水泡透，切段；葱、姜、蒜洗净，均切成细末。
2. 烧锅放油放葱、姜、蒜末炝锅，放入圆白菜，加料酒、酱油煸炒。
3. 放入粉丝、精盐、醋炒匀至熟，加花椒油拌炒匀，出锅即可。

{制作要点} 粉丝用温水泡可减短制作时间。

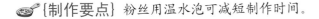

圆白菜炒香菇

健康提示｜口蘑能提高机体免疫力。

{材 料} 圆白菜400克，香菇100克，高汤50毫升，植物油、料酒、葱丝、姜片、香油、精盐、白糖各适量。

{做 法}
1. 香菇洗净，去蒂，切片。
2. 圆白菜洗净，切段。
3. 烧锅放油放姜片和葱丝爆香，放入圆白菜、香菇，加高汤、料酒迅速翻炒片刻，淋入香油炒熟，加精盐、白糖调味，起锅装盘。

{制作要点} 翻炒要快速，防止烧焦，避免营养流失。

圆白菜炒番茄
健康提示 | 此菜适合糖尿病患者食用。

🍅 {材 料} 圆白菜250克，番茄2个，植物油、葱花、精盐、香油各适量。

👨‍🍳 {做 法}
1 番茄用开水稍烫，去皮切块；圆白菜洗净切片。
2 烧锅放油放葱花煸香，加圆白菜炒至将熟，放入番茄略炒。
3 再加入精盐，炒至入味，淋香油即可。

🍳 {制作要点} 把番茄放入开水焯一下，番茄皮就很容易剥掉。

番茄炒大白菜
健康提示 | 此菜适宜血糖高的人食用。

🍅 {材 料} 大白菜200克，番茄100克，植物油、盐、蒜片各适量。

👨‍🍳 {做 法}
1 番茄、大白菜洗净，切小块。
2 烧锅放油后放入大白菜煸炒。
3 炒至将熟时放入番茄、盐和蒜片，翻炒匀即可。

🍳 {制作要点} 炒白菜时可用开水先焯一下。

空心菜炒咸蛋白
健康提示 | 咸鸭蛋有除热功效。

🍅 {材 料} 空心菜100克，咸鸭蛋1个，植物油、蒜瓣、小红椒各适量。

👨‍🍳 {做 法}
1 空心菜择洗干净，择段；咸鸭蛋煮熟，取蛋白切小块；小红椒和蒜瓣剁碎。
2 烧锅放油放入小红椒和蒜末爆香。
3 然后放入空心菜翻炒至将熟时，加入咸蛋白炒匀即可。

🍳 {制作要点} 空心菜宜旺火快炒，以避免营养流失。

素炒空心菜

健康提示 | 此菜非常适宜糖尿病患者食用。

{材 料} 空心菜500克，猪油、蒜、盐、葱、料酒各适量。

{做 法}

① 葱洗净，切末；蒜去皮，切末；空心菜摘去根、茎和老叶，洗净。
② 烧锅放油，爆香蒜末，放空心菜、葱末翻炒。
③ 再放盐、料酒炒至菜色变深，汤汁滚开即可。

{制作要点} 空心菜适用于炒、拌等烹调方式。

腐乳空心菜

健康提示 | 豆腐乳具有润燥、除湿等功效。

{材 料} 空心菜400克，豆腐乳30克，蒜、生姜、植物油、盐、酱油、料酒各适量。

{做 法}

① 空心菜洗净；蒜、生姜切末。
② 烧锅放油用大火炒空心菜、蒜末、姜末。
③ 再加入适量的盐、酱油、料酒和豆腐乳，炒匀后即可。

{制作要点} 空心菜以嫩茎、嫩叶供给食用。

香菇炒冬瓜

健康提示 | 此菜适宜高血压及痰火内扰者。

{材 料} 冬瓜500克，香菇100克，水淀粉、料酒、精盐、植物油各适量。

{做 法}

① 冬瓜洗净，去皮和瓤；香菇去杂洗净，切片。
② 冬瓜放沸水中焯烫，捞出用凉水浸泡，再切片。
③ 起油锅放入香菇、冬瓜、料酒，旺火炒沸，改小火炒至入味，加精盐调味，用水淀粉勾芡即可。

{制作要点} 冬瓜表面打花刀更易入味。

快炒黄瓜片

健康提示 | 黄瓜具有降血糖的作用。

{材 料} 黄瓜1根，植物油、葱、蒜、芝麻、盐、香油各适量。

{做 法}

① 黄瓜洗净切片；葱切花；大蒜去皮剁蒜泥。

② 黄瓜加水和盐腌制20分钟，洗去盐分，沥干。

③ 烧锅放油放入葱花、蒜泥、芝麻炒香，再放入黄瓜，快炒几分钟，最后淋上香油调味即可。

{制作要点} 炒的时候要尽量把水分沥干，以免出水。

番茄丝瓜

健康提示 | 糖尿病并发胃病者适宜多食。

{材 料} 番茄2个，丝瓜1根，木耳20克，盐、植物油各适量。

{做 法}

① 丝瓜去皮，洗净，切滚刀块；木耳泡发后洗净，撕块；番茄洗净，切块。

② 起油锅放丝瓜、番茄翻炒片刻，再加木耳略炒。

③ 加盐调味，翻炒均匀即可。

{制作要点} 青色未熟的番茄不宜食用。

银耳芦笋

健康提示 | 此菜可作为糖尿病患者的辅助食疗。

{材 料} 芦笋200克，银耳20克，香菇50克，葱丝、姜丝、植物油、盐各适量。

{做 法}

① 芦笋洗净，切段；银耳、香菇分别用温水泡发，银耳撕小朵，香菇去蒂。

② 起油锅放葱丝、姜丝炒香，放芦笋、银耳、香菇不断翻炒。

③ 放盐调味，炒熟炒匀即可。

{制作要点} 芦笋不可生食。

鸡腿菇炒莴笋

健康提示 | 莴笋含有较多的维生素P。

{材 料} 莴笋100克，鸡腿菇200克，红尖椒1个，盐、植物油、蚝油、水淀粉、姜丝、葱段各适量。

{做 法}

① 鸡腿菇洗净，切斜刀片；莴笋去皮，洗净切片；红尖椒去籽切片。

② 烧锅放油放姜丝爆香，放鸡腿菇、莴笋、红尖椒、葱段翻炒。

③ 加盐、蚝油炒至入味，用水淀粉勾芡即可。

{制作要点} 莴笋放锅前沥干水分，可增添脆嫩口感。

莴笋炒山药

健康提示 | 山药炒熟食用可辅助肾气亏虚。

{材 料} 莴笋250克，山药200克，胡萝卜50克，盐、鸡精、胡椒粉、白醋、植物油各适量。

{做 法}

① 山药、莴笋、胡萝卜分别洗净，去皮，切大片，飞水。

② 烧锅放油放莴笋、山药、胡萝卜翻炒。

③ 加盐、鸡精、胡椒粉、白醋调味，翻炒均匀即可。

{制作要点} 莴笋少盐味道更佳。

玉竹炒藕片

健康提示 | 玉竹有润肺滋阴的功效。

{材 料} 莲藕200克，玉竹20克，胡萝卜50克，植物油、姜汁、胡椒粉、精盐各适量。

{做 法}

① 玉竹洗净，切片；胡萝卜洗净，切丝。

② 莲藕洗净，去皮切片，放入沸水焯烫，捞出沥水。

③ 烧锅放油放莲藕、玉竹、胡萝卜翻炒，加入精盐、姜汁、胡椒粉炒匀即可。

{制作要点} 莲藕发黑，有异味的话不宜食用。

制作要点

蒜苗烹制时间不宜过长，以免辣素被破坏。

科学配餐：素炒豆芽菜 （P40）

碧绿嫩豆腐

{材料}

蒜苗100克，豆腐2块，植物油、
精盐、花椒水、姜末各适量。

{做法}

① 将蒜苗择洗干净，切成
2厘米长的段。

② 起油锅放姜末炝锅，放
入整块豆腐炒碎。

豆腐营养丰富，含有
铁、钙、磷、镁等人体必
需的多种微量元素，还含
有糖类和丰富的优质蛋白，
素有"植物肉"之美称。

③ 放入精盐、花椒水、蒜苗，翻炒至熟即可。

科学配餐：羊肉炒芹菜 （P183）

香菇洋葱炒莲藕　健康提示 | 洋葱能降低血糖。

🍅 {材 料} 莲藕300克，香菇70克，洋葱1个，植物油、葱、盐、酱油、香油、胡椒粉各适量。

🍛 {做 法}

① 莲藕、洋葱洗净切条；香菇泡软去蒂切条；葱切末。

② 起油锅放入葱爆香，再放香菇煸炒。

③ 莲藕、洋葱放入锅内和香菇一起煸炒至熟，放盐、酱油、香油、胡椒粉调味即可。

🍳 {制作要点} 莲藕以身肥大，肉质脆嫩，有清香者为佳。

素炒豆芽菜　健康提示 | 绿豆芽具有醒酒利尿的功效。

🍅 {材 料} 绿豆芽200克，酱油、植物油、醋、葱花各适量。

🍛 {做 法}

① 把绿豆芽摘去豆壳和烂的芽后洗净。

② 烧锅放油放入绿豆芽，用大火快炒。

③ 将熟时放入酱油、醋，再急炒片刻，撒上葱花即可。

🍳 {制作要点} 烹调绿豆芽要加少量食醋，才能保持维生素B不减少。

珍珠菜花　健康提示 | 此菜具有促进发育的功效。

🍅 {材 料} 菜花400克，玉米粒100克，水淀粉、猪油、精盐、姜末、葱花、花椒水各适量。

🍛 {做 法}

① 菜花洗净切块，过沸水焯烫，捞出。

② 起油锅放菜花翻炒。

③ 放精盐和玉米粒、姜末、葱花、花椒水，炒至汁沸，用水淀粉勾芡，淋猪油，再翻炒片刻即可。

🍳 {制作要点} 菜花易生菜虫，炒之前应放盐水浸泡。

洋葱炒黄豆

健康提示 | 洋葱可帮细胞更好利用葡萄糖。

{材 料} 黄豆50克，洋葱1个，植物油、蒜、精盐、醋、鸡精、香油各适量。

{做 法}

① 黄豆洗净，清水浸泡6小时。

② 洋葱去蒂和老皮，洗净切片。

③ 起油锅放蒜爆香，再放黄豆、洋葱翻炒至熟，放调味炒匀即可。

{制作要点} 翻炒时可放适量的水，这样容易将黄豆煨熟。

胡萝卜黄豆

健康提示 | 黄豆适用于糖尿病者食用。

{材 料} 黄豆80克，胡萝卜1根，盐、葱、大植物油各适量。

{做 法}

① 胡萝卜洗净，切段；黄豆浸泡；葱切葱花。

② 烧锅放油放入葱花爆香，加胡萝卜炒熟捞出。

③ 锅内放黄豆炒熟，加入胡萝卜翻炒，加盐即可。

{制作要点} 胡萝卜可先入沸水锅内焯一下，捞出洗净。

胡萝卜炒豌豆

健康提示 | 豌豆能补充流失的蛋白质。

{材 料} 胡萝卜1根，豌豆粒50克，植物油、盐各适量。

{做 法}

① 胡萝卜洗净，切丁。

② 鲜豌豆粒洗净。

③ 烧锅放油放入胡萝卜炒至断生，再放入豌豆粒翻炒至熟，加盐调味即可。

{制作要点} 豌豆上市早期要买饱满的，后期要买偏嫩的。

素炒木耳白菜

健康提示 | 适宜高血压和肥胖人群食用

🍅 {材 料} 白菜250克，木耳100克，植物油、盐、酱油、花椒粉、葱、水淀粉各适量。

🥟 {做 法}

① 将水发木耳洗净；白菜洗净切片，备用；葱洗净切葱花。

② 将炒锅内放入植物油加热，放入花椒粉炝锅。

③ 随即下白菜煸炒至油润透亮，放入木耳，加酱油、盐适量继续煸炒，快熟时撒葱花，用水淀粉勾芡出锅即可。

🍳 {制作要点} 葱花一烫就熟，入锅不用太早。

豌豆炒洋葱

健康提示 | 豌豆和洋葱都有降糖止渴的功效。

🍅 {材 料} 豌豆100克，洋葱50克，生姜、大蒜、鸡汤、植物油、盐各适量。

🥟 {做 法}

① 豌豆洗净；洋葱洗净切丝；生姜、大蒜洗净，均切末。

② 烧锅放油放洋葱、生姜、大蒜煸炒。

③ 放入豌豆急火快炒，加入鸡汤、盐拌匀即可。

🍳 {制作要点} 豌豆可做主食，但不宜过食。

赤小豆炒芹菜

健康提示 | 赤小豆有健脾利水的作用。

🍅 {材 料} 赤小豆30克，芹菜100克，葱、蒜末、植物油、盐、鸡精各适量。

🥟 {做 法}

① 赤小豆洗净，清水浸泡6小时。

② 芹菜洗净切片。

③ 起油锅放葱、蒜炝锅，放入赤小豆翻炒片刻，再放入芹菜翻炒至熟，放盐、鸡精调味即可。

🍳 {制作要点} 油锅五成熟时放葱、蒜，等蒜微变黄就放赤小豆。

百合南瓜赤小豆　健康提示｜赤小豆含热量偏低。

{材 料} 赤小豆150克，南瓜250克，百合100克，盐、胡椒、植物油、香油、水淀粉、料酒、葱、姜各适量。

{做 法}
1 南瓜去皮，切丁；百合洗净切片；赤小豆泡发。
2 烧锅放油放南瓜、百合过油倒出；赤小豆汆水捞出。
3 姜、葱爆锅，加料酒烹锅，放入南瓜、百合、赤小豆，加盐、胡椒调味炒匀，加水淀粉勾芡，淋入香油即可。

{制作要点} 南瓜易粘锅，所以火不能太大。

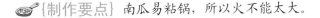

平菇炒木耳　健康提示｜木耳适合结石症患者食用。

{材 料} 平菇100克，木耳10克，盐、香油、姜、猪油、葱各适量。

{做 法}
1 平菇用温水洗净，捞出。
2 木耳用清水泡发后，切丝。
3 烧锅放油，放葱姜炝锅，再放入平菇、木耳快速翻炒至入味，放盐调味，淋香油即可。

{制作要点} 平菇鲜品出水较多，易被炒老，不宜炒太久。

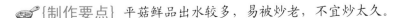

草菇油菜心　健康提示｜此菜为低脂肪蔬菜，宜多食。

{材 料} 草菇50克，油菜心300克，番茄50克，精盐、鸡精、水淀粉、植物油各适量。

{做 法}
1 草菇洗净，切薄片，放入沸水中焯一下，捞出。
2 油菜心洗净；番茄洗净，去蒂，切块。
3 烧锅放油放葱花炒香，放入油菜心和番茄炒熟，放入草菇翻炒均匀，加精盐和鸡精调味，用水淀粉勾芡即可。

{制作要点} 草菇无论鲜品还是干品都不宜过长时间浸泡。

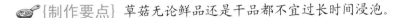

家常绿豆芽

健康提示 | 韭菜含有大量维生素和粗纤维。

{材 料} 绿豆芽500克，韭菜100克，红尖椒1个，植物油、盐各适量。

{做 法}

① 绿豆芽摘去头尾洗净，放白锅烘干水分铲起来。

② 红尖椒横切条；韭菜洗净切长段。

③ 烧锅放油放红尖椒炒熟，放入绿豆芽、韭菜翻炒至熟，加盐即可。

{制作要点} 绿豆芽性寒，烹调时配上姜丝，以中和它的寒性。

芥菜炒双菇

健康提示 | 此菜有强身健体的作用。

{材 料} 草菇250克，香菇100克，芥菜200克，蚝油、生抽、盐、淀粉、大蒜、植物油各适量。

{做 法}

① 草菇洗净，切段；香菇去蒂切半；芥菜取心切片；大蒜拍扁。

② 芥菜片在盐水中焯烫，捞出；烧锅放油爆香蒜头，再放香菇拌炒，最后放入芥菜拌炒。

③ 将蚝油、生抽加水混合拌匀，放入香菇、草菇、芥菜片拌炒，最后以淀粉勾芡。

{制作要点} 草菇应选菇身粗壮、均匀，质嫩的。

香菇白菜

健康提示 | 香菇可很好地降低血糖。

{材 料} 香菇100克，大白菜250克，精盐、鸡精、蒜末、水淀粉、植物油各适量。

{做 法}

① 香菇去蒂洗净，切丝，放入沸水中焯烫捞出。

② 大白菜洗净，切丝。

③ 起油锅，放入大白菜和香菇炒熟，用精盐、鸡精和蒜末调味，水淀粉勾芡即可。

{制作要点} 可将留放来的水及香菇蒂头煮汤，味道也很鲜美。

芹菜炒百合　健康提示｜适宜高血压患者食用。

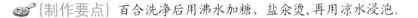

{材　料} 芹菜50克，百合、胡萝卜各25克，葱、蒜、植物油、盐、香油各适量。

{做　法}

① 百合掰片洗净；芹菜洗净，切斜片；胡萝卜洗净去皮，切片。

② 将胡萝卜、芹菜放入沸水锅中焯至断生，然后捞出沥水。

③ 起油锅爆香葱、蒜，放百合、胡萝卜、芹菜入锅翻炒，再加入盐调味炒匀，最后淋少许香油即可。

{制作要点} 百合洗净后用沸水加糖、盐汆烫，再用凉水浸泡。

粤香小炒王　健康提示｜此菜是一道很好的养胃菜。

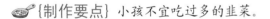

{材　料} 韭菜250克，干银鱼仔100克，植物油、精盐、胡椒粉、红辣椒、姜各适量。

{做　法}

① 韭菜洗净，切段；银鱼仔洗净；姜切末；红辣椒洗净，切丝。

② 烧锅放油放入银鱼仔稍炸，捞出。

③ 另起油锅放入红辣椒、姜末、韭菜翻炒片刻，再加入炸好的银鱼仔，放精盐、胡椒粉调味即可。

{制作要点} 小孩不宜吃过多的韭菜。

藕条炒韭菜　健康提示｜此菜主治脾虚泄泻、食欲不振。

{材　料} 韭菜100克，莲藕300克，植物油、精盐各适量。

{做　法}

① 莲藕刮皮洗净，切条；韭菜洗净，切段。

② 起油锅放入莲藕，煸炒片刻。

③ 加少量水翻炒再加入韭菜、精盐炒至熟即可。

{制作要点} 选购韭菜以叶直、鲜嫩翠绿为佳。

桃香韭菜　健康提示｜此菜可增强体质、提高人体免疫力。

{材　料} 韭菜150克，核桃仁10克，植物油、香油、精盐各适量。

{做　法}
① 韭菜洗净，切段。
② 核桃仁用香油炒熟。
③ 烧锅放油放韭菜、核桃仁、精盐略炒至熟即可。

{制作要点}　此菜烹调时间不宜太久。

香菇炒圆白菜　健康提示｜此菜有预防癌症的作用。

{材　料} 圆白菜500克，香菇150克，植物油、料酒、精盐、葱、姜各适量。

{做　法}
① 香菇用温水泡发，去蒂洗净；圆白菜洗净，切块；葱、姜切末。
② 烧锅放油放入圆白菜略炒，盛出。
③ 再热锅放葱、姜末煸出香味，放入圆白菜、香菇、香菇水、精盐、料酒煸炒至熟即可。

{制作要点} 泡香菇的水有营养，不要倒掉，可以利用。

蚝油菜花　健康提示｜此菜具有增强肝脏解毒的功能。

{材　料} 菜花400克，蚝油、酱油、植物油、鲜汤、精盐、白砂糖、葱花、淀粉、香油各适量。

{做　法}
① 菜花洗净切块，入沸水略焯；用酱油、白砂糖、精盐、鲜汤、淀粉调成芡汁。
② 烧锅放油放菜花炸至金黄色时捞出控油。
③ 原锅烧热放入蚝油、葱花炒散，放入菜花略炒，放入芡汁炒匀，淋上香油即可。

{制作要点} 菜花用手掰成小朵即可。

香菇炒菜花

健康提示 | 菜花能避免消化不良。

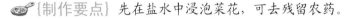

{材 料} 菜花300克，香菇50克，姜末、植物油、酱油、水淀粉、精盐、白砂糖、香油各适量。

{做 法}

① 香菇浸泡，洗净切片；菜花洗净，切块。

② 起油锅放入姜末炝锅，加入酱油、白砂糖、精盐、菜花、香菇翻炒至入味。

③ 用水淀粉勾芡，再淋入香油即可。

{制作要点} 先在盐水中浸泡菜花，可去残留农药。

葱香醋豆

健康提示 | 此菜有一定的降血压功效。

{材 料} 黄豆200克，醋1000毫升，葱20克。

{做 法}

① 黄豆用清水洗净，温水浸泡；葱切花。

② 起油锅放入黄豆炒熟。

③ 放入醋，至淹过黄豆，炒至收汁，撒上葱花即可。

{制作要点} 黄豆要提前浸泡才容易炒熟。

彩色虾仁丁

健康提示 | 虾仁具有补肾壮阳、健胃的功效。

{材 料} 胡萝卜1根，黄瓜1条，虾仁250克，植物油、精盐、料酒、淀粉、香油、姜片、葱段各适量。

{做 法}

① 黄瓜洗净，切丁；胡萝卜去皮，切丁。

② 虾仁洗净，用精盐、料酒、淀粉抓匀，腌制8分钟。

③ 起油锅放入虾仁、姜片翻炒九成熟，再放入黄瓜、胡萝卜翻炒匀，加精盐、葱段，淋香油即可。

{制作要点} 黄瓜、胡萝卜易熟，所以后放。

制作要点

长得特别大的香菇不宜选购，因为有可能是激素催肥的。

莴笋炒萝卜

科学配餐：藕断丝连 （P55）

{材 料}

莴笋200克，香菇100克，青尖椒1个，胡萝卜1根、姜、葱、植物油、水淀粉、酱油、盐各适量。

科学配餐：苦瓜炒鸡蛋 （P101）

{做 法}

❶ 莴笋洗净去皮，切片，放入沸水中焯熟备用；香菇洗净，切片，放入沸水中略焯。

❷ 胡萝卜、青尖椒分别洗净，切丝；葱、姜洗净切丝；盐、酱油、水淀粉调成芡汁。

莴笋中的某种物质对视神经有刺激作用，多食使人目糊，停食数天，则能自行恢复，故视力弱者不宜多食，有眼疾特别是夜盲症的人也应少食。

健康贴士

❸ 起油锅放葱、姜丝煸炒片刻，放香菇、莴笋、胡萝卜、青尖椒翻炒匀，加入芡汁炒至浓稠即可。

49

香干炒洋葱　健康提示｜此菜能补充胃虚患者的营养。

{材料} 洋葱1个，香干250克，猪瘦肉100克，植物油、鲜汤、花椒油、淀粉、精盐、酱油、醋各适量。

{做法}

① 香干切丝，放入沸水中煮透捞出；洋葱洗净，切丝；猪瘦肉切丝。
② 起油锅放入香干煸炒，加入鲜汤稍煮，再放猪肉、洋葱、酱油和盐翻炒。
③ 炒至熟后，烹入醋，用菱粉勾芡，淋花椒油即可。

{制作要点} 香干不易烂，先煮熟可去烟熏味，所以不怕煮烂。

番茄炒菜花　健康提示｜番茄具有清热解毒的功效。

{材料} 番茄200克，菜花300克，植物油、葱花、姜末、精盐各适量。

{做法}

① 番茄洗净，切块。
② 菜花洗净切块，放入沸水中略焯，捞出。
③ 起油锅，放葱花、姜末炒香，加入番茄炒至糊状，放入菜花炒匀，加精盐调味即可。

{制作要点} 番茄熟时容易变软，易粘锅，所以要注意火候。

丝瓜炒双椒　健康提示｜青柿椒含丰富的维生素。

{材料} 青、红柿子椒各1个，丝瓜1根，植物油、鲜汤、生姜、大蒜、葱、精盐、水淀粉、白砂糖各适量。

{做法}

① 丝瓜去皮洗净，切条；姜、葱、蒜洗净，切姜丝、蒜末、葱花；青、红柿子椒去籽，切丝。
② 烧锅放油放双椒炒至五成熟，捞出待用。
③ 再热锅放丝瓜翻炒，加双椒、姜丝、葱花、蒜末、鲜汤翻炒，放精盐、白砂糖炒匀入味，用水淀粉勾芡即可。

{制作要点} 青柿子椒富含维生素C，烹调时间不宜过长。

木耳炒白菜
健康提示 | 此菜有清胃涤肠的功效。

{材 料} 木耳20克，大白菜400克，胡萝卜50克，植物油、花椒、精盐、白砂糖、葱段、姜片、酱油、香油各适量。

{做 法}
1. 大白菜洗净，切菱形块；木耳温水泡软，洗净撕小块；胡萝卜切花。
2. 起油锅放入大白菜煸炒至熟，捞出沥干水分。
3. 原锅烧热放入花椒、葱段、姜片煸炒出香味，捞出不用，放入白菜、胡萝卜和木耳、酱油、精盐、白砂糖炒匀，淋上香油即可。

{制作要点} 炒大白菜要用大火快炒，和木耳一起炒用中火即可。

香菇芸豆
健康提示 | 芸豆有提高人体免疫力的功效。

{材 料} 芸豆300克，香菇50克，白砂糖、植物油、精盐各适量。

{做 法}
1. 芸豆洗净，放沸水中煮熟，捞出加入精盐拌匀，腌20分钟。
2. 香菇洗净泡软，切细丝。
3. 起油锅放入香菇煸炒片刻，加入精盐、白砂糖炒匀，再放入芸豆炒匀即可。

{制作要点} 烹调前应用冷水浸泡扁豆再炒食。

芸豆炒土豆
健康提示 | 此菜有增加食欲的功效。

{材 料} 芸豆200克，土豆2个，植物油、盐、葱段、姜末各适量。

{做 法}
1. 土豆洗净，去皮切片；芸豆洗净，放沸水中煮熟。
2. 起油锅用姜炝锅，放入土豆炒熟。
3. 加入芸豆继续翻炒片刻，放入精盐调味，撒葱段即可。

{制作要点} 炒芸豆时可放入蒜蓉来杀菌解毒。

木耳炒腐竹　健康提示 | 此菜能帮助降低血压。

{材 料} 黑木耳100克，腐竹200克，葱花、盐、水淀粉、植物油各适量。

{做 法}
1. 黑木耳洗净去蒂，切片。
2. 腐竹洗净，切斜段。
3. 起油锅放黑木耳翻炒匀，加入适量清水烧沸后，放入腐竹翻炒至熟，加盐调味，用水淀粉勾芡，大火收汁，撒葱花即可。

{制作要点} 腐竹易熟，一定要最后才放。

鲜烧双菇　健康提示 | 此菜有助消化的作用。

{材 料} 香菇、鸡腿菇各150克，油菜心100克，植物油、葱段、姜块、精盐、酱油、水淀粉各适量。

{做 法}
1. 鸡腿菇洗净切片；香菇洗净切片；油菜心切去头尾，洗净。
2. 起油锅放鸡腿菇、香菇、葱段、姜块煸炒，炒至出汁，将鸡腿菇、香菇盛出。
3. 原锅烧热放入油菜心煸炒，放入鸡腿菇、香菇和适量水翻炒，加精盐、酱油调味，用水淀粉勾芡即可。

{制作要点} 制作此菜，最后要放些水焖煮片刻。

猴头菌炒木瓜　健康提示 | 此菜有健胃消食的作用。

{材 料} 猴头菇100克，木瓜300克，植物油、胡椒粉、酱油、精盐各适量。

{做 法}
1. 猴头菌洗净切片，放入沸水中焯去苦味，捞出控干；木瓜去皮切片。
2. 起油锅放木瓜翻炒。
3. 再放入猴头菌翻炒片刻，加适量胡椒粉、酱油、适量清水炒至猴头菌软，放精盐调味炒匀即可。

{制作要点} 要先把木瓜过油翻炒，再放入猴头菌和适量水。

莲藕炒绿豆芽　健康提示｜此菜能降低胃溃疡发病率。

🫑{材　料} 莲藕100克，绿豆芽150克，红干椒、植物油、盐各适量。

🍲{做　法}

① 莲藕去皮切丝；绿豆芽摘去头尾。
② 起油锅烧热，放入莲藕和绿豆芽煸炒至六成熟。
③ 加入红干椒、盐调味，翻炒至熟后出锅。

🥄{制作要点} 烹调时配上一点姜丝可中和绿豆芽的寒性。

芹菜豆干　健康提示｜此菜对脑血栓有很好的辅助治疗作用。

🫑{材　料} 芹菜200克，豆干150克，瘦肉200克，蒜苗10克，红干椒、植物油、盐、生抽各适量。

🍲{做　法}

① 芹菜洗净切段；豆干切条；瘦肉切片；红干椒、蒜苗切段。
② 起油锅放肉片爆炒起锅，原锅烧热放入红干椒、豆干同炒。
③ 放入芹菜、蒜苗中火炒至断生，肉片回锅，加盐、生抽稍炒即可。

🥄{制作要点} 烹调豆干的方法主要有煎、焗、炸3种。

糖醋圆白菜　健康提示｜圆白菜适宜动脉硬化患者食用。

🫑{材　料} 圆白菜400克，白糖、醋、蒜、植物油、盐各适量。

🍲{做　法}

① 圆白菜洗净撕块，用糖醋水浸泡半小时；蒜切片；糖醋调和均匀。
② 起油锅爆香蒜片。
③ 圆白菜入锅翻炒，水汽稍干后，放入糖醋汁，加盐调味，起锅即可。

🥄{制作要点} 想要圆白菜口感脆，要注意火候。

清炒小白菜

健康提示 | 此菜可清肺热、消内燥。

{材 料} 小白菜400克,姜、蒜、植物油、盐、蒸鱼豉油各适量。

{做 法}
① 小白菜洗净,切段;姜、蒜切末。
② 起油锅爆香姜、蒜。
③ 小白菜放入锅中,加盐,淋蒸鱼豉油翻炒至菜梗变软即可。

{制作要点} 小白菜的梗、叶分次入锅,质感和味道会更佳。

笋丝韭菜

健康提示 | 食用此菜可强肾固精、养血凉血。

{材 料} 竹笋200克,韭菜150克,红干椒10克,植物油、盐、酱油各适量。

{做 法}
① 竹笋洗净切丝;韭菜洗净切段;红干椒剁碎。
② 起油锅烧热,放入红干椒炒香。
③ 放入笋丝、韭菜翻炒片刻,加盐、酱油炒匀,起锅即可。

{制作要点} 春笋、冬笋的味道最佳。

酸辣黄瓜

健康提示 | 此菜适宜夏季炎热不思茶饮的人食用

{材 料} 黄瓜1根,红辣椒20克,蒜、植物油、葱、香菜、盐、醋、酱油、香油各适量。

{做 法}
① 黄瓜洗净,拍后切段;红辣椒剁碎;蒜捣蓉;葱、香菜切碎。
② 起油锅放入红辣椒、蒜爆香。
③ 放黄瓜煸炒至熟,加盐、醋、酱油、香油拌匀,起锅后撒上葱和香菜即可。

{制作要点} 油要少,够蒜爆香即可。

炒三丁

健康提示 | 青柿椒和胡萝卜都有益气补虚之功效。

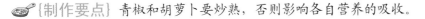

{材 料} 胡萝卜1根，瘦肉200克，青柿子椒1个，蒜、植物油、精盐各适量。

{做 法}
1. 胡萝卜、青柿子椒洗净切粒；瘦肉切丁；蒜切碎。
2. 起油锅爆香蒜，肉丁入锅爆炒后盛起。
3. 原锅烧热放胡萝卜、青柿子椒翻炒至熟，肉丁回锅，加精盐翻炒，起锅即可。

{制作要点} 青椒和胡萝卜要炒熟，否则影响各自营养的吸收。

藕断丝连

健康提示 | 莲藕富含铁、钙等微量元素。

{材 料} 莲藕500克，淀粉、糖、植物油、醋、盐各适量。

{做 法}
1. 莲藕刮皮洗净，切片；淀粉与糖、醋、盐用适量清水调和。
2. 起油锅放入莲藕翻炒至六成熟。
3. 将调和好的汁放入锅中，炒至藕片熟透，起锅即可。

{制作要点} 莲藕生吃亦可，不需过熟。

香菇豌豆

健康提示 | 此菜有益智安神、补脑的作用。

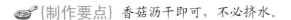

{材 料} 豌豆、香菇、瘦肉各150克，姜、蒜、植物油、盐各适量。

{做 法}
1. 香菇浸泡，洗净；豌豆用水汆过；瘦肉切片；姜、蒜切片。
2. 起油锅爆炒肉片，捞起后爆香姜、蒜。
3. 豌豆入锅，翻炒至熟，放入香菇、盐、肉片翻炒至熟，起锅即可。

{制作要点} 香菇沥干即可，不必挤水。

豌豆土豆

健康提示 | 此菜适宜精神不振、睡眠不佳者食用。

{材 料} 豌豆200克，土豆2个，姜、蒜、植物油、盐、花椒各适量。

{做 法}
1. 豌豆煮熟沥干；土豆去皮切块。
2. 起油锅爆香姜、蒜，土豆入锅炒熟。
3. 放入豌豆，加盐、花椒炒干水汽后起锅即可。

{制作要点} 土豆淀粉多，容易粘锅底，所以要快炒。

清炒口蘑

健康提示 | 此菜养心养胃、养肝养脾。

{材 料} 口蘑400克，青柿子椒1个，蒜、植物油、盐各适量。

{做 法}
1. 口蘑洗净，撕小块；青柿子椒切丝；蒜切片。
2. 起油锅爆香蒜，放入青柿子椒炒熟后捞起。
3. 口蘑入锅中火炒熟，青柿子椒回锅，放盐同炒，起锅即可。

{制作要点} 撕口蘑时，把菇柄撕得细一点，更易入味。

芹菜炒土豆

健康提示 | 此菜能有效防止心肌梗死的疾病

{材 料} 芹菜200克，土豆1个，植物油、蒜末、盐、胡椒粉各适量。

{做 法}
1. 芹菜洗净斜切；土豆去皮切条。
2. 起油锅放蒜末爆香，放入芹菜用大火快速煸炒片刻，加入土豆一起煸炒。
3. 炒至熟后，放入盐、胡椒粉调味即可。

{制作要点} 要先放芹菜再放土豆。

蒜泥莴笋　健康提示｜常吃莴笋可增强胃液的分泌。

{材 料} 莴笋500克，植物油、蒜末、盐各适量。

{做 法}
❶ 莴笋去皮，洗净切丝。
❷ 起油锅蒜末爆香，莴笋入锅翻炒。
❸ 炒至将熟时，加盐调味，炒熟即可。

{制作要点} 莴笋不能炒太久，以免失去莴笋的口感和清香。

小白菜豆腐　健康提示｜此菜能改善消化功能。

{材 料} 小白菜300克，豆腐200克，瘦肉100克，植物油、葱花、蒜末、盐、胡椒粉各适量。

{做 法}
❶ 小白菜洗净；豆腐切块；瘦肉切片。
❷ 起油锅爆香蒜末，适量清水煮沸，放豆腐、盐翻炒3分钟，盛出。
❸ 另起油锅，肉片入锅煸炒，再放入小白菜炒熟，豆腐回锅，撒上胡椒粉、葱花即可。

{制作要点} 小白菜一般随买随吃，保存时间不宜长。

猪血小白菜　健康提示｜此菜可促进气血顺畅。

{材 料} 小白菜300克，猪血200克，植物油、姜片、蒜末、盐、花椒各适量。

{做 法}
❶ 小白菜洗净沥干；猪血切块氽熟。
❷ 起油锅爆香姜蒜，猪血入锅加盐、花椒轻炒。
❸ 放入小白菜，翻炒至熟即可。

{制作要点} 不要选购颜色暗淡、无光泽，并有虫斑的小白菜。

制作要点

　　莴笋入锅前应挤干水分，可以保持脆嫩。

清炒莴笋丝

科学配餐：杜仲炒黑木耳 （P75）

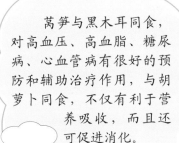

科学配餐：西洋菜炒胡萝卜 （P84）

{材 料}

莴笋500克，鸡精、葱、高汤、植物油、盐各适量。

{做 法}

❶ 莴笋削皮，洗净切丝；葱切花。

❷ 起油锅放入葱花爆香，放入莴笋翻炒片刻放盐，再炒匀后淋上高汤。

❸ 最后放鸡精快炒片刻，即可出锅。

莴笋与黑木耳同食，对高血压、高血脂、糖尿病、心血管病有很好的预防和辅助治疗作用，与胡萝卜同食，不仅有利于营养吸收，而且还可促进消化。

健康贴士

酸辣小白菜

健康提示 | 此菜适合更多体质的人食用。

{材 料} 小白菜500克，红干椒20克，植物油、姜丝、蒜末、盐、醋各适量。

{做 法}

① 小白菜洗净；红干椒剁碎。

② 起油锅爆香姜、蒜，红干椒入锅翻炒片刻。

③ 放入小白菜翻炒至熟，加盐、醋调味即可。

{制作要点} 小白菜烹调时间不宜过长，以免损失营养。

糖醋萝卜

健康提示 | 此菜可促进心、脾、胃的和谐。

{材 料} 白萝卜500克，植物油、盐、糖、醋各适量。

{做 法}

① 白萝卜洗净切片。

② 起油锅，白萝卜入锅炒熟后盛出。

③ 另起油锅放糖，加少许水，中火熬变色，再放醋，白萝卜回锅，加盐翻炒，收汁即可。

{制作要点} 在熬糖的过程中，火要小，搅拌要快，以免糖粘锅。

黑白小炒

健康提示 | 此菜适宜心烦气闷、失眠多梦等症状。

{材 料} 白萝卜300克，黑木耳300克，植物油、蒜末、盐、花椒各适量。

{做 法}

① 白萝卜洗净切丝；黑木耳泡发洗净，切丝。

② 起油锅爆香花椒、蒜末，放黑木耳炒熟。

③ 放入萝卜炒熟，加盐调味，翻炒起锅即可。

{制作要点} 需要先炒熟黑木耳，再炒萝卜丝。

香菇冬瓜

健康提示 | 此菜对心血管系统有良好保护作用。

{材料} 冬瓜400克，香菇200克，瘦肉100克，植物油、酱油、葱花、蒜末、盐各适量。

{做法}

① 冬瓜洗净切片；香菇切丝；瘦肉切片。

② 起油锅爆香蒜末，放入香菇、肉片，加盐炒熟。

③ 放入冬瓜翻炒至熟，加酱油炒匀，撒上葱花，起锅即可。

{制作要点} 多数成熟的冬瓜果实表面有白粉。

玉米杏仁

健康提示 | 此菜有养心之功效。

{材料} 玉米1根，杏仁200克，莲子50克，植物油、葱花、蒜末、盐各适量。

{做法}

① 玉米剥粒；杏仁、莲子泡发。

② 起油锅放入蒜末爆香，杏仁、莲子放入锅中炒干水汽。

③ 放入玉米，加盐拌炒至熟，撒上葱花即可。

{制作要点} 玉米剥粒的时候要把胚尖全部拔出。

木耳土豆

健康提示 | 此菜对调节心脑血管有疗效。

{材料} 黑木耳200克，土豆2个，植物油、蒜末、辣椒酱、葱花、盐各适量。

{做法}

① 黑木耳泡发洗净切丝；土豆洗净去皮切条。

② 起油锅爆香蒜末，放入黑木耳大火炒熟，盛出。

③ 原锅烧热放入土豆炒熟，木耳回锅炒匀，放盐、辣椒酱调味，撒葱花即可。

{制作要点} 去皮后的土豆浸在凉水里，可避免发黑。

清炒土豆条　健康提示｜此菜能有效改善胃肠功能。

{材　料} 土豆2个，植物油、蒜末、葱段、盐、胡椒粉各适量。

{做　法}

① 土豆去皮，切条。

② 起油锅爆香蒜末，放入土豆丝大火炒熟。

③ 加盐、胡椒粉调味，撒上葱段即可。

{制作要点} 土豆丝要切均匀，要均匀翻炒，以免粘锅。

胡萝卜炒土豆　健康提示｜此菜适宜心血虚弱的人群。

{材　料} 土豆2个，胡萝卜1根，植物油、葱花、蒜末、盐各适量。

{做　法}

① 土豆去皮洗净，切条；胡萝卜洗净切条。

② 起油锅爆香蒜末，胡萝卜、土豆入锅大火炒熟。

③ 加盐调味，翻炒均匀后撒上葱花，起锅即可。

{制作要点} 放的油不能太多，以免太过油腻。

葱炒甘薯　健康提示｜此菜对预防动脉硬化发生有疗效。

{材　料} 甘薯300克，葱、植物油、盐各适量。

{做　法}

① 甘薯去皮，切块，煮熟；葱切段。

② 起油锅放入甘薯块快速翻炒。

③ 放入葱段、盐一起炒匀即可。

{制作要点} 甘薯宜选在午餐的黄金时段食用。

尖椒豆腐泡

健康提示｜此菜对预防心血管疾病有疗效。

{材　料} 豆腐泡200克，青尖椒2个，植物油、盐、酱油各适量。

{做　法}

1. 豆腐泡洗净，切半；青尖椒切丝。
2. 起油锅，豆腐泡入锅炸至微黄色盛出。
3. 原锅烧热，青尖椒入锅炒熟，豆腐泡回锅，加盐、酱油拌炒即可。

{制作要点} 豆腐泡易入味，要注意调味分量。

紫菜炒什蔬

健康提示｜此菜适宜燥热者。

{材　料} 紫菜200克，白菜秆、胡萝卜、绿豆芽各50克，植物油、蒜末、盐各适量。

{做　法}

1. 紫菜泡发切碎；白菜秆、胡萝卜分别洗净切丝；豆芽洗净。
2. 起油锅爆香蒜末，胡萝卜、白菜秆放入锅中炒软。
3. 放入紫菜、绿豆芽炒干水汽，加盐翻炒后起锅即可。

{制作要点} 用清水泡发紫菜，并换1~2次水以清除污染、毒素。

双椒甘薯

健康提示｜此菜对头痛眩晕者有一定食疗作用。

{材　料} 甘薯500克，青、红尖椒各1个，植物油、盐各适量。

{做　法}

1. 甘薯去皮切块，煮熟；青、红尖椒洗净切丝。
2. 起油锅放入青、红尖椒炒熟，加入甘薯快速翻炒。
3. 加盐一起炒匀即可。

{制作要点} 食用甘薯不宜过量。

芹香豆腐　　健康提示｜此菜对养心的作用十分显著。

{材 料} 豆腐500克，芹菜100克，植物油、葱花、蒜末、盐各适量。

{做 法}
① 豆腐洗净切块；芹菜切丝。
② 豆腐放入油锅中炸至金黄色捞出沥油。
③ 另起油锅爆香蒜末、芹菜入锅炒香，豆腐回锅翻炒至熟，加盐调味，撒上葱花即可。

{制作要点} 炒豆腐时要用锅铲反面轻推，防止铲碎豆腐。

芝麻蒜薹　　健康提示｜蒜苔含有粗纤维、胡萝卜素。

{材 料} 蒜薹400克，芝麻40克，红尖椒丝、盐、植物油各适量。

{做 法}
① 蒜薹洗净，切段。
② 起油锅放入芝麻炒出香味，取出放在碗里，加上盐调匀。
③ 另起油锅放入蒜薹炒至断生，放入芝麻、红尖椒同炒匀，放盐即可。

{制作要点} 蒜薹炒的时间过长就会软烂。

榄菜炒蚕豆　　健康提示｜蚕豆粗纤维含量较高。

{材 料} 蚕豆300克，瘦肉50克，榄菜20克，红尖椒1个，植物油、盐各适量。

{做 法}
① 蚕豆去头尾，切粒；瘦肉切粒；红尖椒切块。
② 起油锅放入肉粒，煸炒至熟。
③ 加入榄菜、蚕豆、红尖椒，调入盐，炒至蚕豆熟即可。

{制作要点} 蚕豆中含有一种易引起过敏的物质，对此过敏者慎食

豆腐炒香菇

健康提示 | 豆腐不含胆固醇。

🍅 {材　料} 豆腐100克，香菇150克，火腿50克，葱花、精盐、水淀粉、白糖、酱油、植物油各适量。

🍲 {做　法}

① 豆腐切长方块；香菇去蒂洗净，切块；火腿切片。

② 起油锅放入豆腐炸至金黄色，捞出沥油。

③ 原锅烧热放入香菇、白糖、酱油和适量清水，再放入豆腐，加精盐、火腿，用中火炒至入味，勾芡撒葱花即可。

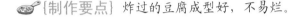

🍳 {制作要点} 炸过的豆腐成型好，不易烂。

清炒芦笋

健康提示 | 丝瓜可清凉利尿、活血通经。

🍅 {材　料} 芦笋100克，葱50克，姜末、盐、水淀粉、植物油、料酒、醋少许。

🍲 {做　法}

① 将芦笋洗净切段；葱切段。

② 起油锅加入葱段煸炒，并放入姜末、料酒、醋、盐，加入笋段不停地翻炒。

③ 待笋段熟后加入水淀粉收汁，即可。

🍳 {制作要点} 炒芦笋时要用武火，且翻炒要快，这样口感才会好。

青椒腐竹

健康提示 | 适宜伤风感冒者食用。

🍅 {材　料} 腐竹150克，青尖椒1个，小红椒10克，植物油、葱、蒜、盐各适量。

🍲 {做　法}

① 腐竹用温水泡发，洗净切段；青尖椒洗净切条；蒜切末；葱切花。

② 起油锅爆香蒜末，青尖椒、小红椒放入锅炒香。

③ 加入腐竹翻炒至熟，加盐调味，撒葱花即可。

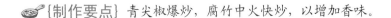

🍳 {制作要点} 青尖椒爆炒，腐竹中火快炒，以增加香味。

香菇炒西兰花　健康提示 | 西兰花营养成分十分全面。

{材　料} 西兰花250克，香菇50克，植物油、红干椒、蒜蓉、盐各适量。

{做　法}

① 西兰花洗净，切块；香菇泡软，洗净切片；红干椒切圈。
② 西兰花、香菇放入沸水中焯烫，捞出沥干水分。
③ 起油锅依次放入香菇、西兰花、蒜蓉、红干椒、盐翻炒至熟即可。

{制作要点} 挑选西兰花收干越重的，质量越好。

清鲜苦瓜片　健康提示 | 苦瓜润泽肌肤，使人精力旺盛。

{材　料} 苦瓜1根，小鱼干20克，植物油、蒜瓣、豆豉、红干椒丝、盐各适量。

{做　法}

① 苦瓜去蒂和籽，洗净后切片；豆豉用水泡后洗净，拍碎。
② 起油锅爆香豆豉、蒜瓣。
③ 放入小鱼干、苦瓜和适量水翻炒至熟透，放入盐调味即可。

{制作要点} 苦瓜中的苦味绝不会传给其他事物。

三色瓜片　健康提示 | 西葫芦主治水肿腹水、烦热口渴。

{材　料} 西葫芦1根，香菇20克，青、红尖椒各1个，植物油、盐、生抽各适量。

{做　法}

① 西葫芦洗净，去皮切片；青、红尖椒洗净，去蒂和籽，切块；香菇温水浸泡，去蒂切块。
② 起油锅放入青、红尖椒和香菇煸炒出香味。
③ 放入西葫芦炒匀，加上盐、生抽调好味，装盘即可。

{制作要点} 西葫芦肉质较细腻，可做汤及小炒。

爆炒柿子椒　健康提示｜柿子椒中富含钾。

{材　料} 青、红柿子椒各2个，植物油、精盐、白糖、香醋、香油、葱末、姜丝各适量。

{做　法}
① 柿子椒去蒂和籽，洗净切块。
② 起油锅放柿子椒煸炒至熟，放入葱末、姜丝、精盐、白糖、醋等调拌好的芡汁。
③ 翻炒均匀，淋上香油即可。

{制作要点} 炒的时候注意火候，应避免使用铜质餐具。

蚝油鲜草菇　健康提示｜草菇所含蛋白质比香菇高2倍。

{材　料} 鲜草菇250克，菜心50克，植物油、蚝油、酱油、料酒、水淀粉、胡椒粉、精盐、葱各适量。

{做　法}
① 鲜草菇洗净，在蒂处轻切几刀；菜心切整齐；葱切段。
② 起油锅放入鲜草菇、料酒、葱段、蚝油翻炒片刻，放入精盐、酱油调好口味，用水淀粉勾芡，撒上胡椒粉出锅。
③ 净锅烧水，放入菜心烫熟捞出，放在鲜草菇周围即可。

{制作要点} 此菜的调料有蚝油和酱油，所以放盐时要注意分量。

豆豉油麦菜　健康提示｜油麦菜有缓解神经衰弱的功效。

{材　料} 油麦菜400克，豆豉30克，植物油、盐、白糖、姜、水淀粉、酱油、香油各适量。

{做　法}
① 油麦菜去老茎和黄叶，切段，用沸水汆烫捞出过晾；豆豉剁成末；姜切末。
② 起油锅放入豆豉和姜末煸炒出香味，加入盐、酱油、白糖烧沸。
③ 再放入油麦菜翻炒均匀，用水淀粉勾芡，淋上香油即可。

{制作要点} 选用猪油来做这道菜，更加能突出口感。

制作要点

此菜只需根据个人口味来调节。

面筋炒丝瓜

科学配餐: 椒盐香菇丝 (P77)

{材 料}

丝瓜1根，油面筋80克，葱、植物油、盐、香油各适量。

{做 法}

① 丝瓜刮去皮，洗净切片；油面筋撕小块，放沸水汆烫捞出；葱洗净，切花。

② 起油锅放入丝瓜滑炒至熟，捞出沥水。

③ 原锅烧热放入丝瓜和面筋翻炒匀，再撒上盐，淋入香油，撒葱花拌匀即可。

科学配餐: 茄子炒牛肉 (P153)

丝瓜中含防止皮肤老化的B族维生素，增白皮肤的维生素C等成分，能保护皮肤、消除斑块，使皮肤洁白、细嫩，是不可多得的美容佳品。

健康贴士

木耳嫩豆腐　健康提示 ｜ 豆腐的营养价值较高。

{材 料} 木耳50克，豆腐400克，葱、姜块、水淀粉、白糖、蚝油、酱油、香油、植物油各适量。

{做 法}

① 木耳温水浸泡至软，去根，再用清水洗净，撕块；豆腐切丁。
② 葱洗净，一半切粒，另一半切段；姜块切片。
③ 起油锅放葱段和姜片炝锅，放入蚝油、酱油、白糖烧沸，放入豆腐和木耳翻炒至至浓稠，用水淀粉勾芡，撒上葱粒，淋入香油即可。

{制作要点} 豆腐一般搭配别的食物能使味道更鲜美。

芥蓝炒香菇　健康提示 ｜ 芥蓝能增进食欲。

{材 料} 芥蓝200克，香菇25克，青、红尖椒各1个，植物油、葱、蒜、蚝油各适量。

{做 法}

① 芥蓝洗净，切片；青、红尖椒去籽切条；香菇泡软，洗净。
② 起油锅爆香葱、蒜，放入芥蓝、青、红尖椒、香菇和蚝油翻炒。
③ 炒熟后淋明油后装盘即可。

{制作要点} 加入少量糖和酒可改善芥蓝的苦涩味。

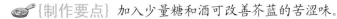

腊肠炒兰豆　健康提示 ｜ 荷兰豆具有抗菌消炎的功能。

{材 料} 荷兰豆150克，腊肠50克，蒜、植物油、酱油、精盐各适量

{做 法}

① 腊肠洗净切片；蒜剁末；荷兰豆去筋洗净。
② 起油锅放蒜末爆香。
③ 放入腊肠炒匀，加入酱油再煸片刻，放入荷兰豆用大火快炒，炒熟后加盐调味即可。

{制作要点} 腊肠处理的时候要用热水浸泡后用温水清洗干净。

鲜酱黄瓜肉丁

健康提示 | 黄瓜解毒消肿、生津止渴。

{材 料} 黄瓜1根，猪瘦肉150克，植物油、酱油、甜面酱、香油、葱末、姜末、淀粉各适量。

{做 法}

① 黄瓜洗净，切丁，用精盐腌制10分钟，挤去水；猪瘦肉切丁。

② 起油锅放入肉丁煸炒至变色，加入葱末、姜末、甜面酱、酱油煸炒出酱香味。

③ 再放入黄瓜翻炒，用水淀粉勾芡，淋香油即可。

{制作要点} 选用新鲜的黄瓜才能清香味浓。

肉丝炒红菜心

健康提示 | 红菜心可用来降血脂。

{材 料} 猪瘦肉100克，红菜心300克，鸡蛋清、香菜、猪油、淀粉、清汤、盐、姜汁、料酒各适量。

{做 法}

① 猪瘦肉洗净，切丝，用蛋清、盐和淀粉拌匀；红菜心切齐；香菜洗净，切段。

② 起油锅放入猪肉丝滑散至熟，捞出沥油。

③ 净锅烧油放入清汤、盐、料酒和红菜心用中小火炒至汁稠入味，放入肉丝，用水淀粉勾芡，淋上姜汁，撒上香菜即可。

{制作要点} 红菜心在食用前要先飞水。

润肺小炒

健康提示 | 此菜对食欲不振、热病烦渴有疗效。

{材 料} 马蹄300克，木耳150克，胡萝卜1根，植物油、葱、姜、盐各适量。

{做 法}

① 马蹄去皮洗净切片；胡萝卜洗净，切片；木耳洗净撕小片；葱、姜切末。

② 起油锅爆香姜，放胡萝卜、马蹄、木耳入锅翻炒至熟。

③ 加盐调味略炒，撒葱花即可。

{制作要点} 马蹄入锅前在开水中略焯，炒出后会很香甜。

71

香菇银杏

健康提示 | 此菜适宜高血压患者食用。

{材 料} 银杏100克，香菇150克，鲜汤、白糖、酱油、水淀粉、香油、盐、植物油各适量。

{做 法}
① 香菇洗净去蒂，捏干水分，切厚片；银杏放入油锅略炸，去掉果衣。
② 起油锅放入香菇、银杏煸炒，放盐、白糖和鲜汤，改用小火翻炒。
③ 加入酱油后改用旺火，用水淀粉勾芡，淋上香油即可。

{制作要点} 翻炒时用小火可使之更有营养价值。

芹菜黄豆

健康提示 | 芹菜具有防癌抗癌、平肝降压的作用

{材 料} 熟黄豆50克，芹菜400克，花椒、盐、植物油各适量。

{做 法}
① 芹菜洗净，粗茎劈开，切段，用开水略焯捞出。
② 花椒放入油锅内炸出花椒油。
③ 另起净锅烧热植物油，放芹菜入锅翻炒半熟，黄豆入锅翻炒，加盐、花椒油炒匀即可。

{制作要点} 此菜的烹调时间不需过长。

茼蒿炒肉片

健康提示 | 此菜可以改善人体的消化功能。

{材 料} 茼蒿200克，猪肉100克，豆酱20克，植物油、姜丝、蒜末、盐各适量。

{做 法}
① 茼蒿洗净；猪肉洗净切片。
② 茼蒿入沸水略焯。
③ 起油锅放入姜丝、蒜末爆香，肉片入锅炒变色后加入豆酱炒至八成熟，放入茼蒿、清水、盐，用中火炒至汁浓稠即可。

{制作要点} 茼蒿的烹调时间不宜过长。

柿子椒炒肉丝
健康提示 | 木耳可提高抗癌能力。

{材 料} 柿子椒1个，木耳30克，猪瘦肉200克，植物油、酱油、醋、白砂糖、料酒、精盐、淀粉、葱末、姜末、蒜末、高汤各适量。

{做 法}
❶ 柿子椒切丝；木耳浸泡，切丝；猪瘦肉切丝。
❷ 用白砂糖、醋、酱油、精盐、葱末、姜末、蒜末、料酒、淀粉和高汤兑成汁。
❸ 起油锅放入肉丝翻炒，再加入木耳和柿子椒，翻炒至熟时放入芡汁，炒匀即可。

{制作要点} 优质木耳表面黑而有光泽，背面呈灰色。

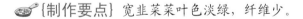

炒韭菜
健康提示 | 韭菜可温中行气，补肝肾。

{材 料} 韭菜500克，精盐、植物油各适量。

{做 法}
❶ 韭菜洗净切段。
❷ 起油锅放入韭菜，随即快炒。
❸ 加入精盐，煸炒片刻至熟即可。

{制作要点} 宽韭菜菜叶色淡绿，纤维少。

生煸黄花菜
健康提示 | 黄花菜具有养血平肝的功效。

{材 料} 黄花菜100克，植物油、料酒、白糖、精盐各适量。

{做 法}
❶ 黄花菜去老叶、老皮，洗净用开水略氽，再用凉水浸泡沥干。
❷ 起油锅放入黄花菜、精盐，快速煸炒。
❸ 黄花菜完全变油亮深色后加入白糖、料酒炒匀即可。

{制作要点} 加白糖后，火候要转小，以防止糊锅。

黄花菠菜　健康提示｜此菜适宜肝病患者食用。

{材 料} 黄花菜50克，菠菜50克，醋、酱油、精盐、植物油、大蒜各适量。

{做 法}

① 黄花菜撕去硬茎皮，洗净沥干；菠菜洗净；大蒜切末。

② 黄花菜、菠菜分别放入沸水中氽烫，晾凉；

③ 起油锅放蒜末炝锅，放入黄花菜和菠菜炒熟，再放醋、酱油、精盐调好味即可。

{制作要点} 炒此菜时一定要先把菠菜和黄花菜氽烫。

香菇炒圆白菜　健康提示｜香菇富含维生素B群。

{材 料} 香菇150克，圆白菜150克，植物油、料酒、精盐、葱、姜各适量。

{做 法}

① 圆白菜洗净，切块；香菇温水泡发，去蒂洗净；葱切花；姜切末。

② 起油锅放入圆白菜略炒，盛出。

③ 原锅烧热放葱花、姜末煸出香味，放入圆白菜、香菇，加精盐、料酒煸炒均匀即可。

{制作要点} 圆白菜产量高，是四季的佳蔬。

菠菜冬笋　健康提示｜此菜适宜养肝补肝者食用。

{材 料} 冬笋250克，菠菜100克，料酒、精盐、植物油、鸡汤、水淀粉各适量。

{做 法}

① 冬笋洗净，用开水烫熟，捞出切丝。

② 菠菜去根，洗净，捞出挤干水分。

③ 起油锅放入笋丝煸炒片刻，烹入料酒、鸡汤、精盐，略炒片刻，放入菠菜炒匀，用水淀粉勾芡即可。

{制作要点} 食用冬笋前用淡盐水煮5分钟可去大部分草酸和涩味。

杜仲炒黑木耳

健康提示 | 此菜能完善肝功能。

{材 料} 黑木耳50克，莴笋300克，杜仲30克，料酒、姜、葱、精盐、鸡精、植物油各适量。

{做 法}
1. 杜仲去粗皮，润透后切丝炒焦；黑木耳温水发透，去蒂根，撕瓣状；莴笋去皮，切片；姜切片；葱切花。
2. 起油锅放入姜片、葱花爆香。
3. 放入黑木耳、莴笋、杜仲、料酒炒熟，加精盐、鸡精炒匀即可。

{制作要点} 水发的干木耳可安全食用。

花生芹菜

健康提示 | 此菜适宜因肝炎引起的体虚者食用。

{材 料} 花生仁100克，芹菜300克，香菇30克，酱油、精盐、白糖、醋、豆瓣酱、胡椒粉、植物油各适量。

{做 法}
1. 花生仁洗净；香菇洗净切片。
2. 芹菜洗净，切段，放入沸水中捞出，过凉沥干。
3. 起油锅放入香菇、芹菜翻炒，再放入花生米和酱油、精盐、白糖、醋、豆瓣酱、胡椒粉翻炒至熟即可。

{制作要点} 炒香菇、芹菜时可以加入适量大蒜调味。

香菇炒山药

健康提示 | 此菜能起到防癌作用。

{材 料} 山药300克，香菇20克，芹菜100克，植物油、淀粉、酱油、精盐各适量。

{做 法}
1. 香菇洗净，热水泡约10分钟至变软，泡香菇水备用；山药去皮洗净，切片；芹菜切片。
2. 起油锅依次放入香菇、山药、芹菜炒熟，接着放入香菇水。
3. 待至略收干后，加入适量淀粉勾芡，再加入酱油和精盐调味即可。

{制作要点} 山药不宜炒太久。

猪血黄花菜

健康提示 | 此菜具有补养气血的作用。

{材 料} 猪血200克，黄花菜100克，植物油、葱花、精盐各适量。

{做 法}
1. 猪血洗净，切块；黄花菜用清水发好，切段。
2. 起油锅放入葱花爆香。
3. 加入猪血、黄花菜一起翻炒，用精盐调味即可。

{制作要点} 猪血不宜炒太久。

海带丝小炒

健康提示 | 此菜可辅助治疗脂肪肝。

{材 料} 海带丝200克，胡萝卜1根，洋葱1个，鸡腿肠100克，植物油、葱花、姜丝、蒜末、精盐、生抽、香醋各适量。

{做 法}
1. 海带丝切段；胡萝卜切丝；洋葱去外皮洗净，切丝；鸡腿肠切丝。
2. 起油锅放入葱花、姜丝、蒜末爆香，放入洋葱煸炒，加入胡萝卜炒至半熟时加海带丝和鸡腿肠炒熟。
3. 调入精盐、生抽、香醋炒匀出锅即可。

{制作要点} 食用海带前先洗净后再浸泡。

肉丝咸菜炒豆

健康提示 | 荷兰豆有解渴通乳的功能

{材 料} 荷兰豆250克，咸菜50克，猪瘦肉100克，植物油、白糖、精盐各适量。

{做 法}
1. 荷兰豆撕去老筋，洗净；咸菜洗净，切粗丝；猪瘦肉洗净，切丝。
2. 起油锅放肉丝炒至断生，放入咸菜煸炒，加入少许水炒至水分收干时盛出。
3. 原锅烧热放荷兰豆煸炒，加盐、白糖炒，放咸菜、肉丝翻炒即可。

{制作要点} 荷兰豆适宜与富含氨基酸的食物一起烹调。

椒盐香菇丝　　健康提示｜香菇含有多种氨基酸。

{材　料} 干香菇150克，鸡蛋1个，青、红尖椒各1个，植物油、淮盐、胡椒粉、辣椒油、淀粉、蒜蓉、葱花各适量。

{做　法}

① 香菇浸透，去菇柄，切丝；青、红尖椒切块。

② 香菇丝吸干水分，用鸡蛋液、淀粉拌匀，放入油锅炸至酥脆，捞起。

③ 另起锅放入蒜蓉、葱花、尖椒块和香菇，调入淮盐翻炒至入味，加胡椒粉、辣椒油即可。

{制作要点} 发好的香菇要放在冰箱里冷藏才不会损失营养。

柿子椒肉丝　　健康提示｜青椒有散寒除湿的作用。

{材　料} 柿子椒2个，猪瘦肉150克，姜、蒜、植物油、蚝油、生抽、料酒、鸡精、水淀粉各适量。

{做　法}

① 柿子椒洗净切丝；猪肉切丝；蒜切碎；姜切丝。

② 起油锅加入肉丝、料酒、蚝油快速翻炒至断生盛出。

③ 原锅烧热放入姜、蒜炒香，加入柿子椒、生抽、精盐大火翻炒，肉丝回锅加鸡精再翻炒片刻，用水淀粉勾芡即可。

{制作要点} 炒肉丝的时间不宜过长。

黄花菜炒黄瓜　　健康提示｜黄瓜可预防冠心病。

{材　料} 黄花菜15克，黄瓜150克，植物油、盐各适量。

{做　法}

① 黄瓜洗净切片。

② 黄花菜用清水浸泡半小时，去蒂洗净，沥水。

③ 净锅置火上，倒入植物油烧热后再放入黄花菜、黄瓜，快速翻炒至熟透，加盐调味即成。

{制作要点} 黄花菜一定要炒熟，不熟不可食用。

制作要点

此菜烹调时间不宜过长，以免造成营养损失。

肉末炒豆角

科学配餐：芥蓝炒香菇 （P70）

科学配餐：洋葱炒蚬子 （P219）

🧆【材料】

豆角200克，五花肉100克，红干椒、猪油、盐、酱油、料酒、香油、辣椒油各适量。

🍲【做法】

❶ 豆角洗净，切段；猪五花肉切粒，用盐拌匀；红干椒去蒂和籽，切丝。

❷ 起油锅放入猪肉粒煸炒至酥香，放入酱油稍炒，出锅盛在碗里待用。

豆角含丰富维生素B、C和植物蛋白质，能使人头脑宁静，调理消化系统，消除胸膈胀满，可防治急性肠胃炎，呕吐腹泻。

❸ 原锅烧热放入红干椒炒至红棕色，加豆角煸炒出水分，再放入猪肉稍炒，烹料酒，淋上香油和辣椒油炒匀即可。

健康贴士

79

大杂烩　　健康提示 | 此菜有助于血管的保健。

{材　料} 土豆250克，茄子1根，红尖椒30克，黄瓜50克，胡萝卜30克，高汤、酱油、盐、花椒、葱、姜、大蒜、猪油各适量。

{做　法}

① 茄子、土豆去皮切块；葱、姜切丝；大蒜切片；花椒加水泡出花椒水备用；红尖椒去蒂和籽，斜切成马蹄段；黄瓜、胡萝卜切花。

② 起油锅放葱、姜、蒜、红尖椒炝锅，放入茄子煸炒片刻，加入高汤、土豆、酱油、花椒水、盐炒匀。

③ 炒至土豆、茄子熟透，加入剩放食材翻炒至浓稠时盛出即可。

{制作要点} 土豆要用文火才能均匀熟烂。

西芹木耳　　健康提示 | 此菜高血压肥胖者宜食。

{材　料} 黑木耳50克，芹菜200克，姜、葱、大蒜、盐、植物油各适量。

{做　法}

① 黑木耳用清水发透，去蒂根；芹菜洗净后切段；姜切片；葱切花；蒜去皮，切片。

② 起油锅放入姜片、葱花、蒜片爆香。

③ 放入芹菜、黑木耳炒至芹菜断生，放盐调味即可。

{制作要点} 炒芹菜和黑木耳时要用旺火爆炒，这样口感好。

金针菇炒银杏　　健康提示 | 此菜有利于帮助消化。

{材　料} 银杏100克，金针菇200克，高汤、酱油、盐、白糖、植物油、葱花、香油、水淀粉各适量。

{做　法}

① 金针菇洗净去蒂，沥干水分；银杏去壳，去膜。

② 银杏用植物油炸至八成熟。

③ 起油锅将金针菇炒香，放入银杏、高汤、酱油、白糖、盐翻炒，待汁浓稠入味后，用水淀粉勾芡，淋香油，撒葱花即可。

{制作要点} 煸炒金针菇时要用旺火烧锅，这样炒才会口感好。

生菜炒火腿

健康提示 | 此菜能改善人体的血液循环。

{材 料} 生菜200克，火腿150克，植物油、盐各适量。

{做 法}

① 生菜洗净沥干；火腿切片；
② 起油锅放火腿炒熟。
③ 加入生菜，旺火快炒至熟，加盐调味即可。

{制作要点} 在加入生菜的时候，要注意火候。

酱肉丝瓜

健康提示 | 丝瓜对体内有热毒有很好辅助疗效。

{材 料} 丝瓜1根，猪瘦肉200克，面酱20克，葱、蒜、盐、醋、植物油各适量。

{做 法}

① 丝瓜去皮切片；瘦肉切片；蒜捣蓉；葱切葱花。
② 起油锅放入蒜蓉爆香，放瘦肉、丝瓜翻炒至熟。
③ 放面酱翻炒匀，撒葱花即可。

{制作要点} 丝瓜和瘦肉可先过水焯一下。

口蘑豆腐

健康提示 | 此菜能促进心脑血管的健康。

{材 料} 口蘑200克，豆腐300克，蒜、葱、淀粉、植物油、精盐各适量。

{做 法}

① 口蘑洗净，切块；豆腐切块；蒜捣蓉；葱切葱花；淀粉用水稀释。
② 起油锅爆香蒜蓉，放入口蘑，中火轻炒。
③ 豆腐入锅，加盐同炒，待熟后放入芡汁勾芡，撒葱花即可。

{制作要点} 尽量保证口蘑在放，豆腐在上，这样才不会粘锅。

芥蓝豆腐干

健康提示 | 芥蓝能延缓餐后血糖升高。

{材 料} 芥蓝250克，豆腐干100克，姜、红尖椒丝、素蚝油、香油、胡椒粉、盐、植物油各适量。

{做 法}

① 姜切丝；豆腐干切条，浸水泡软，加素蚝油、香油、胡椒粉搅拌略腌

② 起油锅爆香姜丝，将芥蓝入锅翻炒，加盐。

③ 原锅烧热，放入红尖椒丝和豆腐干翻炒，芥蓝回锅炒匀即可。

{制作要点} 芥蓝菜放锅先放茎部，炒到略变色再加入菜叶部分。

粉丝炒菠菜

健康提示 | 此菜有益肺疏气的作用。

{材 料} 菠菜250克，洋葱1个，粉丝100克，植物油、姜、胡椒、盐各适量。

{做 法}

① 菠菜洗净沥干；粉丝泡软；洋葱切碎；姜切丝。

② 起油锅爆炒姜丝、洋葱，加入适量清水，放盐和胡椒翻炒。

③ 放入菠菜、粉丝同炒至熟，起锅即可。

{制作要点} 炒菠菜时可加少许白酒，可增添清香感。

韭菜炒木耳

健康提示 | 此菜有补肝肾、健脾胃的功效。

{材 料} 韭菜300克，木耳50克，植物油、蒜、姜、盐各适量。

{做 法}

① 韭菜洗净切段；木耳洗净撕片；姜、蒜切末。

② 起油锅放入蒜末、姜末炝锅。

③ 放入韭菜和木耳翻炒至熟，再加盐调味即可。

{制作要点} 木耳用温水泡发，也可加点盐或面粉来清洗。

蒜香生菜　健康提示 | 大蒜很好地平衡生菜的寒性。

{材　料} 生菜500克，蒜、植物油、盐各适量。

{做　法}

① 生菜洗净沥干；蒜剁蓉。

② 起油锅爆香蒜蓉，生菜放入锅翻炒。

③ 加盐调味，起锅即可。

{制作要点} 生菜的主要食用方法是生食，烹调时时间不宜过长。

脆皮豆腐　健康提示 | 此菜适宜燥热攻心的患者食用。

{材　料} 番茄2个，豆腐400克，姜、蒜、淀粉、植物油、盐、花椒各适量。

{做　法}

① 番茄洗净，去皮榨汁；豆腐切块；姜、蒜捣蓉；淀粉加盐用水调和。

② 起油锅将豆腐炸至金黄色后盛出，原锅烧热放番茄汁入锅煮香。

③ 放入姜、蒜、花椒、淀粉汁，将豆腐回锅，小火炒至汁浓稠即可。

{制作要点} 炸豆腐时，火候不能太大。

香干炒蒜薹　健康提示 | 此菜对肺部不适有食疗作用。

{材　料} 蒜薹300克，香干200克，红干椒10克，植物油、姜、精盐各适量。

{做　法}

① 蒜薹去老梗洗净切段；香干洗净切条；姜切丝；红干椒洗净切粒。

② 起油锅爆香红干椒、姜丝，放蒜薹放入锅煸炒，加香干翻炒至熟。

③ 加精盐炒匀即可。

{制作要点} 香干切薄片，易熟味香。

西洋菜炒胡萝卜 健康提示｜此菜可缓腹胀腹泻。

🍲 {材 料} 西洋菜300克，胡萝卜1根，姜、植物油、盐各适量。

👨‍🍳 {做 法}

① 西洋菜洗净切段；胡萝卜洗净切片；姜切片。
② 起油锅爆香姜，放入胡萝卜快速翻炒。
③ 西洋菜入锅快炒至熟后加盐调味即可。

🍳 {制作要点} 西洋菜烹调得过烂，既影响口感又造成营养损失。

茄汁西兰花 健康提示｜此菜可滋阴润燥、清热养肺。

🍲 {材 料} 西兰花300克，番茄2个，植物油、姜、蒜、盐各适量。

👨‍🍳 {做 法}

① 西兰花洗净切朵；番茄洗净切块；姜、蒜切片。
② 起油锅爆香姜、蒜，西兰花入锅翻炒至半熟。
③ 加番茄、盐同炒至熟即可。

🍳 {制作要点} 番茄后放，可使菜变得更有鲜味。

猴头菌炒冬笋 健康提示｜此菜对胃口不开有疗效。

🍲 {材 料} 猴头菌100克，冬笋300克，植物油、葱、姜、盐各适量。

👨‍🍳 {做 法}

① 猴头菌泡发洗净切片；冬笋洗净切片；葱切花；姜切末。
② 起油锅爆香姜，猴头菌、冬笋入锅翻炒。
③ 加少许水炒至猴头菌松软，加盐调味炒匀，撒葱花即可。

🍳 {制作要点} 加水炒猴头菌时改小火，让它充分吸收水分。

芹菜炒豆腐　健康提示│此菜适宜记忆力放降者食用。

{材　料}豆腐400克，芹菜200克，植物油、姜、盐、酱油各适量。

{做　法}
① 豆腐入沸水中略焯，捞出沥水后切块；芹菜洗净切段；姜切末。
② 起油锅，放入豆腐略炸，出锅沥油。
③ 另起油锅爆香蒜，加入芹菜炒香，再放入豆腐、木耳炒熟，加盐、酱油调味即可。

{制作要点}豆腐要一片一片放锅里炸，以免粘连。

莲藕百合　健康提示│此菜有助于增强人体免疫功能。

{材　料}百合50克，胡萝卜1根，莲藕80克，植物油、葱、姜末、盐各适量。

{做　法}
① 百合掰片洗净；胡萝卜、莲藕去皮洗净切片；葱切花。
② 胡萝卜、莲藕分别放入沸水中略焯。
③ 起油锅爆香姜，胡萝卜、莲藕入锅翻炒至八成熟，加百合、盐炒熟，撒葱花即可。

{制作要点}炒蔬菜时一定要大火快炒，这样才脆。

马蹄炒土豆　健康提示│此菜有生津止咳的作用。

{材　料}马蹄300克，土豆2个，胡萝卜1根，青柿子椒1个，植物油、蒜、盐各适量。

{做　法}
① 马蹄、胡萝卜、土豆分别去皮切片；蒜切末；青柿子椒切丝。
② 起油锅爆香蒜，青柿子椒入锅炒香。
③ 放入马蹄、土豆、胡萝卜炒熟，放盐调味即可。

{制作要点}炒马蹄、土豆等时加少许水焖一会更易熟。

蒜香花生仁 健康提示｜大蒜有降压降脂的作用。

{材 料} 花生仁250克，大蒜50克，盐、植物油各适量。

{做 法}

1 花生仁洗净；蒜去皮洗净，切碎。
2 起油锅放入蒜爆香，放花生仁快速翻炒。
3 待炒至出味，放盐调味即可。

{制作要点} 注意要用大火快速翻炒。

番茄炒豆腐 健康提示｜此菜适宜高血压患者食用。

{材 料} 番茄100克，豆腐250克，香菇50克，高汤、植物油、葱花、姜末、盐、白糖、花椒水、淀粉各适量。

{做 法}

1 豆腐切块，放入沸水中焯过，捞出沥水。
2 香菇温水泡发，洗净切片；番茄洗净，去皮切片。
3 起油锅放入姜末炒香，放入香菇煸炒，加入番茄、白糖、盐、花椒水、高汤炒沸，再放入豆腐焖3分钟，用淀粉勾芡，撒葱花，加盐调味即可。

{制作要点} 放豆腐后不要翻炒，用中火焖熟。

蒜香菜花 健康提示｜此菜补虚效果更佳。

{材 料} 菜花400克，鸡脯肉200克，番茄1个，蒜、姜、植物油、高汤、盐各适量。

{做 法}

1 菜花洗净切小朵；鸡脯肉切块；姜、蒜切片；番茄切厚片。
2 起油锅爆香姜、蒜，放入高汤煮沸，放入菜花炒至五成熟，再加入鸡脯肉。
3 中火炒至菜花软，放入番茄稍炒，大火收汁，加盐调味。

{制作要点} 番茄不用太熟，所以最后才放。

素炒三瓜

健康提示 ┃ 此菜能够协调人体内的水火。

🫑 {材 料} 丝瓜、黄瓜各1根，南瓜200克，蒜、植物油、盐、花椒各适量。

🍲 {做 法}

❶ 南瓜、丝瓜去皮洗净，黄瓜洗净，分别切片；蒜切片。

❷ 起油锅爆香蒜，丝瓜入锅翻炒。

❸ 丝瓜变软后，放入南瓜和黄瓜同时炒至熟，加盐、花椒即可。

🥄 {制作要点} 烹调次序为南瓜、丝瓜、黄瓜，这样熟度才会均匀。

芹丁玉米

健康提示 ┃ 适宜阴虚阳亢型高血压患者食用。

🫑 {材 料} 玉米粒200克，西芹150克，红尖椒20克，植物油、盐、香油各适量。

🍲 {做 法}

❶ 西芹洗净切丁；红尖椒洗净切菱形块。

❷ 西芹、玉米粒、红尖椒焯水后过凉。

❸ 起油锅放入西芹、玉米粒、红尖椒翻炒至熟后，加盐、香油炒匀即可。

🥄 {制作要点} 发霉的玉米绝对不能食用。

猪血韭菜

健康提示 ┃ 此菜保证了体力方面得到补充。

🫑 {材 料} 猪血、韭菜各300克，姜、蒜、植物油、盐、生抽各适量。

🍲 {做 法}

❶ 猪血洗净切块；韭菜洗净切段；姜、蒜切片。

❷ 起油锅放入姜、蒜爆香，韭菜入锅，加盐炒熟，盛出。

❸ 另起油锅烧热，放猪血，加适量清水和盐、生抽煮熟收汁，韭菜回锅炒匀即可。

🥄 {制作要点} 韭菜和猪血分别炒，不但味美，而且好看。

制作要点

茭白以春夏季的
质量最佳，营养成
分较为丰富。

茭白炒肉丝

科学配餐：滑炒鸭片（P110）

{材料}

茭白150克，红柿子椒2个，猪肉80克，植物油、大蒜、葱、黄豆酱、料酒、白糖、精盐各适量。

科学配餐：鱿鱼炒黄瓜（P208）

{做法}

❶ 茭白洗净，放入滚水中汆烫捞出，切片；红柿子椒切丝；葱切段；蒜去皮切片；猪肉洗净。

❷ 起油锅爆香葱和大蒜，放入猪肉快炒片刻。

❸ 再加入茭白、红柿子椒、黄豆酱、料酒、白糖翻炒均匀。盛出前加精盐调匀即可。

茭白以春夏季的质量最佳，营养成分比较丰富。由于茭白含有较多的草酸，其钙质不容易被人体所吸收，凡患肾脏疾病、尿路结石者不宜多食。

健康贴士

金针菇丝瓜

健康提示 | 此菜具有预防胃溃疡之功效。

{材 料} 金针菇150克，丝瓜600克，干贝75克，植物油、葱、姜、盐、水淀粉各适量。

{做 法}

❶ 将丝瓜去皮切块；葱切段；姜切片；金针菇切除根部，洗净。

❷ 干贝洗净移入蒸锅中蒸至熟软，取出，以手撕成丝。

❸ 起油锅，爆香葱段、姜片，加入丝瓜以大火炒熟，再加入适量水煮至丝瓜软烂，最后加入金针菇、干贝及盐煮匀，淋入水淀粉勾芡，即可盛出。

{制作要点} 丝瓜在煮的过程中还会出水，要酌情添加水量。

香爆木耳

健康提示 | 此菜具有调养血气等功效。

{材 料} 黑木耳300克，植物油、葱、蒜、红干椒、盐各适量。

{做 法}

❶ 黑木耳洗净撕小片；葱切花，将葱白、葱叶分开；蒜切片；红干椒切段。

❷ 黑木耳放入沸水中略焯，捞出沥水。

❸ 起油锅爆香葱白、红干椒，放入蒜、黑木耳快速翻炒，加葱叶和盐略炒即可。

{制作要点} 木耳本身没有味道，需要依据个人口味来调制分量。

红烧腐竹

健康提示 | 此菜对燥咳、便秘有食疗效果。

{材 料} 腐竹80克，瘦肉200克，植物油、葱、姜、盐、茴香末、酱油各适量。

{做 法}

❶ 腐竹用温水泡发，洗净切块；瘦肉洗净切片；葱切花；姜切末。

❷ 起油锅爆香姜，瘦肉入锅炒香，加酱油、盐、茴香末翻炒。

❸ 加水，腐竹入锅加盖，待到收汁，撒葱花即可。

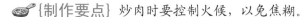

{制作要点} 炒肉时要控制火候，以免焦糊。

可口禽蛋篇

禽肉以其高蛋白、低脂肪、丰富营养而著称，是人们生活中必不可少的餐桌食品。而禽蛋能提供均衡的蛋白质、脂类、糖类和矿物质，也是维生素的重要来源。

●常见食材的选购与功效

01 鸡肉 每餐100~200克。

{健康功效}

鸡肉对营养不良、畏寒怕冷、乏力疲劳、月经不调、贫血、虚弱等症有很好的食疗作用。中医认为，鸡肉有温中益气、补虚填精、健脾胃、活血脉、强筋骨的功效。

{营养成分}

每100克鸡肉：热量167千卡、蛋白质1.3毫克、脂肪9.4毫克、碳水化合物1.3克、胆固醇106毫克、钙9毫克、铁1.4毫克、磷156毫克。

{选购要点}

活鸡：将鸡翅膀提起，如果挣扎有力，双脚收起，鸣声长而响亮，有一定重量，表明鸡活力强；如果挣扎无力，鸣声短促、嘶哑，脚伸而不收，则是病鸡。

> 炸鸡翅中的含油量高，食用过量会导致脂肪吸取量增多，容易引起肥胖、血糖增高。最佳食用量，一次不要超过2根。

健康贴士

02 鸭肉 每餐100-200克。

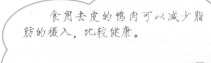

{健康功效}

鸭肉所含B族维生素和维生素E较其他肉类多，能有效抵抗脚气病、神经炎和多种炎症，还能抗衰老。夏季经常食用老鸭汤，既能补充身体消耗的营养，又可以祛除暑热带来的不适。

{营养成分}

每100克鸭肉：热量240千卡、蛋白质15.5克、脂肪19.7克、碳水化合物0.2克、胆固醇94毫克、钙6毫克、铁2.2毫克、磷122毫克。

{选购要点}

活鸭：应选羽毛丰满、皮肉滑嫩、肌肉坚实、眼睛有神的鸭子。还需注意鸭翼、鸭脚的皮层是否柔软，胸骨是否突出。用手按鸭胸，若觉胸脯丰满，则是嫩鸭；如发觉胸骨特别突出，翼脚皮层粗硬者必属老鸭。

> 食用去皮的鸭肉可以减少脂肪的摄入，比较健康。

03 鸽肉 每餐150-200克。

{健康功效}

乳鸽的骨内含有丰富的软骨素，可与鹿茸中的软骨素相媲美，经常食用，具有改善皮肤细胞活力，增强皮肤弹性，改善血液循环，使面色红润等功效。

{营养成分}

每100克鸽肉：热量201千卡、蛋白质16.5克、脂肪14.2克、碳水化合物1.7克、钙30毫克、铁3.8毫克、磷136毫克、钾334毫克。

{选购要点}

一看嘴：嘴长且尖说明生长期较短，最多在25天左右。
二看爪：爪子看上去发黑且糙，说明至少30天以上。
二看翅膀：翅膀长且宽，说明经过长时间的飞行，生长期过长，肉质老。

> 清炖乳鸽时不加任何材料，只加少许盐，对加快伤口愈合有一定作用。但不能多吃。

健康贴士

---

04 鹌鹑 每餐150-250克。

{健康功效}

鹌鹑肉中所含丰富的卵磷脂和脑磷脂，是高级神经活动不可缺少的营养物质，具有健脑的作用。鹌鹑肉适宜于营养不良、贫血头晕、高血压、肥胖症、动脉硬化症等患者食用。

{营养成分}

每100克鹌鹑：热量110千卡、蛋白质20.2克、脂肪3.1克、碳水化合物0.2克、胆固醇157毫克、钙48毫克、磷179毫克、铁2.3毫克。

{选购要点}

一看血管：刚杀的鹌鹑血放完了，颜色正常。已死的鹌鹑进行宰杀，来不及放血，所以血闷在鹌鹑肉之中，肉色会有点暗红。
二看色泽：鲜亮，看上去很新鲜。

> 鹌鹑肉与枸杞子、益智仁、远志肉一起煎煮食用，对缓解神经衰弱或提高智力有一定功效。

健康贴士

05 乌鸡

每餐100~200克。

{健康功效}

乌鸡性平、味甘，具有滋阴清热、补肝益肾、健脾止泻等作用。食用乌鸡，可提高生理机能、延缓衰老、强筋健骨、对防治骨质疏松、佝偻病、妇女缺铁性贫血症等有明显功效。

{营养成分}

每100克乌鸡：热量111千卡、蛋白质22.3克、脂肪2.3克、碳水化合物0.3克、钙17毫克、磷210毫克、铁2.3毫克、钾323毫克。

{选购要点}

一看血管：刚杀的乌鸡血放完了，肉质颜色正常。非正常宰杀的乌鸡，来不及放血，血闷在鸡肉之中，肉色会有点点暗红。

二看色泽：鲜亮，看上去很自然。

三看肉质：手按上去有弹性。

> 用陈年老醋炖乌鸡对糖尿病有改善作用。

健康贴士

06 鸡蛋

每餐80~100克。

{健康功效}

鸡蛋含有丰富的DHA和卵磷脂等，对神经系统和身体发育有很大的作用，能健脑益智，避免老年人智力衰退，并可改善各个年龄段的记忆力。

{营养成分}

每100克鸡蛋：热量144千卡、蛋白质13.3毫克、脂肪8.8毫克、碳水化合物2.8克、钙56毫克、铁2毫克、磷130毫克、钾154毫克。

{选购要点}

一看：蛋壳上附着一层白霜，蛋壳颜色鲜明、完整无光泽、气孔明显。

二听：蛋与蛋相互碰击声音清脆；用手摇动没有声音。

三摸：蛋壳粗糙，重量适当。

> 煮鸡蛋是最佳吃法，但应细嚼慢咽，否则会影响营养吸收和消化。

健康贴士

07 鸭蛋 每餐50~80克。

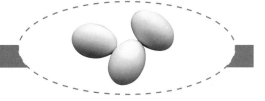

【健康功效】

鸭蛋有大补虚劳、滋阴养血、润肺美肤的功效；对水肿胀满，阴虚失眠等症有一定的治疗作用，多吃鸭蛋对骨骼发育有益，并能预防贫血。

【营养成分】

每100克鸭蛋：热量180千卡、蛋白质12.6克、脂肪13克、碳水化合物3.1克、胆固醇565毫克、钙62毫克、铁2.9毫克、磷226毫克。

【选购要点】

一看形状：外壳干净，光滑圆润，蛋壳呈青色。

二看色泽：有轻微的颤动感觉。

二看色泽：黄白分明，蛋白洁白，蛋黄油润，味道鲜美。

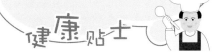

鸭蛋的胆固醇含量也较高，有心血管病、肝肾疾病的人，一次不能多吃。

健康贴士

08 鹌鹑蛋 每餐50~80克。

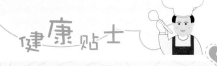

【健康功效】

鹌鹑蛋所含的卵磷脂和脑磷脂比鸡蛋足足高出3倍，这两种物质是高级神经活动不可缺少的营养，经常食用，健脑、补脑的效果特别好。中医认为，鹌鹑蛋有补益气血、强身健脑、丰肌泽肤等功效。

【营养成分】

每100克鹌鹑蛋：热量160千卡、蛋白质12.8克、脂肪11.1克、碳水化合物2.1克、胆固醇515毫克、钙47毫克、铁3.2毫克、磷180毫克。

【选购要点】

一看形状：比鸽蛋还小，大小适中且较均匀。

二指颜色：外壳为灰白色，并杂有红褐色和紫褐色的斑纹，色泽鲜艳，壳硬不破。

三看蛋液：蛋黄呈深黄色，蛋白黏稠。

用沸水和适量冰糖，冲鹌鹑蛋花食用，对肺结核或肺虚久咳有一定功效。

健康贴士

制作要点

　搅打蛋清必须顺一个方向，中途不能停。

豆苗炒芙蓉鸡片

{材 料}

鸡肉400克，鸡蛋1只，猪肥膘50克，豌豆苗40克，香菇10克，植物油、葱、姜、料酒、精盐各适量。

{做 法}

① 鸡肉、猪肥膘分别剁细茸，放入碗内，加姜、葱、料酒、精盐搅匀上浆；香菇切片。

② 蛋清加入鸡肉茸中，搅拌上浆；起油锅逐片鸡肉茸放入，炸成白玉色时，捞起沥油。

③ 原锅烧热放入豆苗、香菇煸炒，加料酒、精盐，放入鸡肉轻翻炒片刻即可。

科学配餐：猴头菌炒冬笋 （P84）

科学配餐：鸡蛋炒黄瓜 （P128）

豆苗性清凉，含有维生素C，是燥热季节的清凉食品，除了清热的功效外，还可以使肌肤光滑柔软。

健康贴士

97

鸡丝炒金针菇
健康提示 | 此菜对养胃更有益。

{材 料} 金针菇200克，鸡胸肉150克，香菇50克，植物油、料酒、香油、精盐、葱、姜、红干椒丝、鸡汤各适量。

{做 法}

① 金针菇洗净；鸡胸肉洗净，切丝；香菇泡发，切丝；姜、葱切丝。

② 起油锅放入姜丝炝锅，加入鸡肉炒至九成熟。

③ 再加入香菇、料酒、鸡汤翻炒后烧沸，加入金针菇、红干椒丝、精盐翻炒至熟，撒葱花炒匀，淋香油即可。

{制作要点} 未熟透的金针菇禁食。

鸡块扒草菇
健康提示 | 鸡肉适合消化性溃疡者食用。

{材 料} 草菇300克，鸡肉200克，韭菜20克，姜汁、料酒、盐、植物油、酱油、淀粉各适量。

{做 法}

① 鸡肉洗净切块，加入姜汁、料酒、盐、淀粉、水腌10分钟，备用；草菇去蒂，洗净。

② 用盐、酱油、淀粉、水兑成芡汁。

③ 烧锅放油爆炒草菇片刻盛起，热锅把鸡肉回锅放入草菇、料酒，加入韭菜，芡汁至汁浓稠即可。

{制作要点} 草菇无论鲜品还是干品都不宜浸泡时间过长。

圆白菜炒鸡蛋
健康提示 | 此菜有防衰老的功效。

{材 料} 圆白菜200克，鸡蛋2个，植物油、盐、葱、姜、蒜各适量。

{做 法}

① 葱、姜、蒜切好；圆白菜切后，用热水焯烫。

② 鸡蛋打到碗里搅拌成液，锅内烧油，把鸡蛋翻炒成型后捞出备用。

③ 锅内烧油，放入葱、姜、蒜煸炒，放入圆白菜和鸡蛋翻炒片刻，加盐调味即可出锅。

{制作要点} 炒鸡蛋时多油快炒才不会糊。

洋葱鸡蛋

健康提示 | 洋葱能促进人体气血的循环。

{材 料} 洋葱1个，鸡蛋3个，葱、植物油、盐、花椒各适量。

{做 法}

❶ 洋葱洗净切碎；鸡蛋打散；葱切葱花。

❷ 洋葱放入鸡蛋中搅拌，加入适量的盐和花椒。

❸ 起油锅放入洋葱、鸡蛋翻炒至熟，起锅撒葱花即可。

{制作要点} 注意火候，大火容易使鸡蛋焦底。

莴笋鸡丁

健康提示 | 此菜有增强免疫力、养活心血的作用。

{材 料} 莴笋300克，鸡脯肉200克，植物油、蒜末、盐、花椒、酱油各适量。

{做 法}

❶ 莴笋去皮洗净，切丁后焯水沥干；鸡脯肉洗净，切丁。

❷ 起油锅爆香蒜末，放鸡丁入锅爆炒熟后捞起。

❸ 原锅烧热放入莴笋，加盐炒熟，鸡丁回锅加酱油、花椒翻炒即可。

{制作要点} 莴笋丁需要沥干水，整道菜才保持干而不硬。

紫菜炒鸡蛋

健康提示 | 此菜适于肾阴亏损型糖尿病者。

{材 料} 紫菜20克，鸡蛋2个，盐、植物油各适量。

{做 法}

❶ 紫菜发开，撕小片；鸡蛋打散入碗中。

❷ 起油锅，放入鸡蛋翻炒。

❸ 待鸡蛋刚熟时放紫菜继续翻炒至熟，再放盐调味即可。

{制作要点} 冷锅入油，六成热时就可放鸡蛋。

西葫芦炒鸡蛋
健康提示 | 西葫芦对糖尿病有疗效

{材 料} 西葫芦1个，鸡蛋2个，盐、大葱、植物油各适量。

{做 法}
① 西葫芦洗净，切片；鸡蛋打散加盐搅匀；葱切花。
② 烧锅热油，鸡蛋放入锅内炒熟待用。
③ 原锅烧热放入葱花炒香，西葫芦放入锅翻炒，加盐调味。

{制作要点} 炒鸡蛋时注意油温不宜过高。

芹菜鸡蛋
健康提示 | 此菜能养气血、补亏虚。

{材 料} 芹菜200克，鸡蛋3个，葱、蒜、植物油、盐各适量。

{做 法}
① 芹菜洗净切段，放入沸水中烫熟；鸡蛋打散；蒜去皮捣蓉；葱洗净切花。
② 鸡蛋液中放入蒜蓉和适量的盐搅匀。
③ 起油锅，放入鸡蛋液放入锅中来回翻炒，成块状时放入芹菜炒匀，起锅即可。

{制作要点} 芹菜应茎叶同食才好。

韭菜炒鸡肉
健康提示 | 此菜相当适宜阴虚患者食用。

{材 料} 韭菜200克，鸡脯肉100克，姜、蒜、植物油、盐、花椒、生抽各适量。

{做 法}
① 韭菜洗净切段；鸡脯肉切片；姜、蒜洗净切片。
② 起油锅加姜、蒜煸香捞出，肉片入锅爆炒，起锅。
③ 原锅烧热放入韭菜翻炒，加肉片、盐、花椒、生抽同炒，起锅即可。

{制作要点} 韭菜洗净后用热水焯一放，可去除表面的杂质。

香辣鸡丁　　健康提示｜此菜适宜记忆力下降者食用。

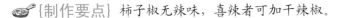

{材　料} 鸡脯肉300克，青柿子椒1个，洋葱1个，姜、蒜、植物油、生抽、香油、盐、花椒各适量。

{做　法}

① 洋葱、青柿子椒洗净，切块；鸡脯肉切粒；姜、蒜切片。

② 起油锅爆香姜、蒜、花椒、鸡肉入锅炒至七成熟后盛出。

③ 原锅烧热放入洋葱、青柿子椒翻炒至五成熟后加入鸡肉同炒，加生抽、香油、盐炒熟，起锅即可。

{制作要点} 柿子椒无辣味，喜辣者可加干辣椒。

苦瓜炒鸡蛋　　健康提示｜苦瓜可除邪热、清心明目。

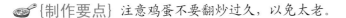

{材　料} 苦瓜1根，鸡蛋2个，植物油、盐、糖、葱末各适量。

{做　法}

① 把鸡蛋打入碗内，搅拌成液待用；苦瓜洗净，切薄片。

② 烧锅放油，放入鸡蛋炒熟，捞出备用。

③ 再热油，放葱末爆香，然后放入苦瓜炒至熟，加入盐、糖调味，最后加入炒好的鸡蛋翻炒片刻即可。

{制作要点} 注意鸡蛋不要翻炒过久，以免太老。

珍珠南瓜　　健康提示｜南瓜是降血糖的佳品。

{材　料} 南瓜200克，鹌鹑蛋10个，青柿子椒1个，生姜、植物油、盐、水淀粉各适量。

{做　法}

① 鹌鹑蛋煮熟去壳；南瓜去皮和籽，切片；青柿子椒切片；生姜去皮，切片。

② 烧锅放油放入生姜、鹌鹑蛋、南瓜片、青柿子椒、盐炒至八分熟。

③ 用水淀粉勾芡，炒至汁浓稠时，起锅。

{制作要点} 南瓜可连皮一起食用，皮较硬则削去再食用。

鹌鹑蛋烩西兰花

健康提示｜西兰花可改善久病体

{材 料} 鹌鹑蛋5个，西兰花100克，黑木耳30克，胡萝卜、植物油、胡椒、盐、姜末各适量。

{做 法}

① 西兰花焯水；鹌鹑蛋煮好，剥壳；黑木耳焯水，撕块。

② 烧锅放油放姜末，爆出香味。

③ 把全部食材放入翻炒至熟，加盐、胡椒即可。

{制作要点} 西兰花焯水时，时间不要太久，否则不够脆爽。

金针菇炒蛋

健康提示｜适宜中老年人食用。

{材 料} 金针菇50克，鸡蛋3个，植物油、蒜、盐、酱油各适量。

{做 法}

① 将蒜剁成蓉；金针菇切去老根，洗净沥干水分；鸡蛋加盐打散。

② 起油锅放入打好的蛋液，用小火慢炒至蛋液底部凝固，装盘待用。

③ 另起油锅加蒜末爆香，放入金针菇炒几下，加入鸡蛋，快速翻炒至金针菇变软后，加适量酱油和盐即可。

{制作要点} 炒鸡蛋时要注意火候，糊了会影响口感。

鸡肉炒土豆

健康提示｜鸡肉能温中补脾、益气养血。

{材 料} 土豆2个，鸡脯肉150克，植物油、葱丝、姜丝、蒜片、盐各适量。

{做 法}

① 土豆削皮，切条；鸡肉切丝。

② 烧锅放油放葱丝、姜丝、蒜片烩锅。

③ 放入鸡肉快速煸炒，等鸡肉变色时再放土豆炒熟，加盐调味即可。

{制作要点} 炒土豆时可放适量的水。

糖醋鹌鹑蛋

健康提示 | 急性肠炎者不宜食用番茄。

{材 料} 鹌鹑蛋10个，番茄1个，姜、蒜、葱末、植物油、水淀粉、醋、蚝油、白糖、酱油各适量。

{做 法}

1. 番茄洗净，切粒；鹌鹑蛋煮好剥壳，烧锅放油煎至微黄捞出待用。
2. 原锅热油放姜、蒜、葱末炒香，放番茄粒炒片刻。
3. 放入煎好的鹌鹑蛋炒匀，加入调味料和清水，大火炒开至汁浓稠时勾芡即可。

{制作要点} 鹌鹑蛋以蒸或煮的方式吃最好。

番茄炒蛋

健康提示 | 此菜有利于调血通经，增强脑力。

{材 料} 蕃茄2个，鸡蛋3个，植物油、盐各适量。

{做 法}

1. 蕃茄洗净切块；鸡蛋打散，放碗中待用。
2. 起油锅放入蛋液，边倒边搅成蛋花状，盛出备用。
3. 放番茄炒出汁，放盐调味，鸡蛋回锅，炒匀即可。

{制作要点} 炒番茄时，火不宜过大，时间不宜过久。

杏仁鸡

健康提示 | 杏仁有抗炎镇痛、降血脂、血压的功效。

{材 料} 杏仁50克，土豆2个，鸡肉300克，咖喱酱、蒜、植物油、盐、胡椒粉各适量。

{做 法}

1. 杏仁余水；土豆去皮切块；鸡肉切块余水；蒜捣蓉。
2. 起油锅爆香蒜，放入杏仁、鸡块、土豆翻炒，加少量水。
3. 待熟后放入咖喱酱、盐、胡椒粉翻炒，起锅即可。

{制作要点} 苦杏仁必须用清水浸泡3天才能去除苦味。

鸡丝炒蜇头

健康提示 | 海蜇头具有清热化痰的功效。

{材 料} 鸡脯肉150克,海蜇头100克,香菜段10克,蛋清、植物油、水淀粉、盐、葱丝、姜丝、醋、料酒各适量。

{做 法}

① 鸡脯肉洗净,切丝,用蛋清、盐和水淀粉拌匀;海蜇头切丝,用清水淘洗干净,热水焯烫。

② 在碗里用盐、醋、料酒、水淀粉兑成芡汁。

③ 烧锅放油放入葱丝、姜丝炒出香味,加入鸡丝炒至熟,再放蜇头丝、香菜段及芡汁,急速翻炒片刻即可。

{制作要点} 海蜇头冲洗干净后用冷水浸泡半天才可食用。

南瓜炒蛋

健康提示 | 此菜能促进大脑供血的作用。

{材 料} 鹌鹑蛋10个,南瓜300克,葱、蒜、植物油、盐各适量。

{做 法}

① 鹌鹑蛋用清水煮熟后,去壳对半切开;南瓜去皮,切块;蒜切片。

② 起油锅爆香蒜,南瓜放入锅中加清水炒熟。

③ 放入鹌鹑蛋,加盐,撒上葱花拌炒起锅即可。

{制作要点} 南瓜忌与辣椒、羊肉同食。

肉丝炒蛋

健康提示 | 此菜性平,用于平补。

{材 料} 鹌鹑蛋6个,瘦肉100克,大白菜50克,姜、葱、蒜、植物油、盐、花椒各适量。

{做 法}

① 鹌鹑蛋开水煮熟后去壳;瘦肉切丝。

② 大白菜切碎;姜、蒜捣蓉;葱切段。

③ 起油锅爆香姜、蒜蓉,放大白菜、肉丝炒熟,鹌鹑蛋回锅,加花椒、盐拌炒匀,撒上葱段即可。

{制作要点} 在鹌鹑蛋上划十字更易入味。

双椒鹌鹑蛋

健康提示 | 此菜有降低血脂的作用。

{材 料} 鹌鹑蛋15个，青、红尖椒各1个，植物油、蒜末、精盐各适量。

{做 法}

❶ 鹌鹑蛋煮熟；青、红尖椒洗净切丝。

❷ 鹌鹑蛋剥壳备用。

❸ 起油锅爆香蒜末，放入青、红尖椒炒熟，放入鹌鹑蛋，加盐翻炒入味即可。

{制作要点} 鹌鹑蛋后放翻炒均匀即可。

糖醋鸭

健康提示 | 此菜能清热凉血、祛病健身。

{材 料} 鸭肉500克，淀粉20克，植物油、盐、糖、醋各适量。

{做 法}

❶ 鸭肉洗净，切块后氽水；淀粉加水调成芡汁。

❷ 起油锅，鸭块入锅炒干水汽后盛出。

❸ 另起油锅，糖、芡汁入锅炒至变色，鸭肉回锅，加盐、醋炒熟，收汁即可。

{制作要点} 鸭肉与桑葚相克，二者不可同食。

农家鸭肉

健康提示 | 鸭肉可大补虚劳、滋五脏之阴。

{材 料} 鸭肉400克，红尖椒2个，植物油、姜丝、蒜末、酱油、盐各适量。

{做 法}

❶ 鸭肉洗净，切块后氽水；红尖椒切块。

❷ 起油锅爆香姜、蒜、红尖椒入锅炒出味。

❸ 放入鸭肉同炒，加盐、酱油炒至鸭肉熟，起锅即可。

{制作要点} 鸭肉、鸭血、鸭内金全都可药用。

制作要点

鸭心可以放酒、
生姜、盐略余。

科学配餐：番茄丝瓜 （P36）

科学配餐：芦笋烧虾仁 （P206）

爆香鸭心卷

{材 料}

鸭心250克，青、红尖椒各1个，植物油、盐、鲜汤、酱油、料酒、水淀粉各适量。

{做 法}

① 鸭心切半去白膜，在内侧划十字花刀，用料酒和盐调拌；青、红尖椒去籽切块；酱油、盐、料酒、鲜汤和水淀粉兑芡汁。

② 起油锅放入鸭心卷略炒，捞出控油。

③ 原锅烧热放入青、红尖椒煸炒，加芡汁，放入鸭心轻翻炒片刻即可。

鸭心具有健脾开胃、镇定安神、美容养颜的功效，适宜孕妇晚期食用。

健康贴士

107

苦瓜炒鸡翅

健康提示 | 此菜对保持皮肤光泽有好处。

{材 料} 鸡翅2对，苦瓜1根，植物油、料酒、精盐、生姜、淀粉、葱段、蒜泥、红干椒、豆豉各适量。

{做 法}
① 鸡翅洗净，切成块，用生姜、料酒、精盐、淀粉拌匀上浆腌制。
② 苦瓜切小块，放入沸水中氽烫，捞出；红干椒切圈。
③ 烧锅放油、蒜泥和豆豉煸香，再放鸡翅炒至快熟时，加入苦瓜、红干椒圈、葱段翻炒几分钟即可。

{制作要点} 鸡尖是鸡的淋巴结，不宜过食。

肉炒鹌鹑

健康提示 | 鹌鹑主治浮肿、胃病等多种疾病。

{材 料} 鹌鹑肉200克，猪瘦肉50克，猪油、葱白、大蒜、酱油、料酒、淀粉、香油各适量。

{做 法}
① 鹌鹑肉切块；猪瘦肉切块。
② 烧锅放油放鹌鹑、瘦肉滑散，约八成熟捞起沥油。
③ 原锅烧热加入葱白、蒜瓣煸香，放入鹌鹑、瘦肉翻炒，加上调料入味即可。

{制作要点} 鹌鹑可先焯水再捞出沥干。

蜜汁香菇鸡

健康提示 | 此菜能温中补气、补肾阳精。

{材 料} 香菇300克，鸡肉250克，番茄1个，蒜、淀粉、生抽、油、糖、盐各适量。

{做 法}
① 香菇泡发；鸡肉切块；番茄切块；蒜切片；淀粉用水稀释。
② 起油锅放鸡块炒干水汽后捞出。
③ 原锅烧热爆香蒜片，依次放入番茄、淀粉、糖煮黏稠，放香菇和鸡块翻炒至熟即可。

{制作要点} 泡发香菇的水可用来烹调。

四季豆炒蛋黄

健康提示 | 四季豆可健脾胃、增食欲。

{材 料} 四季豆400克，鸡蛋2个，盐、香油、八角、葱段、姜片各适量。

{做 法}

❶ 四季豆去茎络，放淡盐水中浸泡，捞出沥干切小丁；鸡蛋取蛋黄，加上葱段、姜片和清水上笼蒸5分钟，取出切丁。

❷ 清水锅放盐烧沸，放入蚕豆焯烫，捞出。

❸ 起油锅放蛋黄丁和四季豆煸炒片刻，加盐、料酒炒匀后即可。

{制作要点} 四季豆不可生吃，一定要烹熟了再食用。

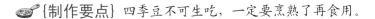

香蒜鸡丝

健康提示 | 蒜苗具有消积食的作用。

{材 料} 蒜苗250克，平菇和鸡胸肉各50克，红干椒25克，盐、蚝油、生抽、料酒、白醋、蛋清、水淀粉、葱末、姜末、油各适量。

{做 法}

❶ 蒜苗洗净，切段；平菇、红干椒洗净切丝；鸡胸肉切丝，用精盐、料酒、蛋清、水淀粉上浆待用。

❷ 起油锅放入鸡丝滑散，放入蚝油、生抽炒开。

❸ 再放入蒜苗、红干椒、平菇翻炒匀，用水淀粉勾芡，加入葱末、姜末及白醋炒匀即可。

{制作要点} 蒜苗不宜长时间烹制，否则口感不佳。

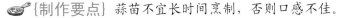

爽脆芹肫

健康提示 | 鸡肫有消食导滞的作用。

{材 料} 香芹1棵，鸡肫3个，植物油、姜丝、盐各适量。

{做 法}

❶ 香芹剥开，洗净，叶片宽的先直剖成两条，切段；鸡肫去浮油，切片。

❷ 起油锅，爆香姜丝后放入鸡肫翻炒至变色，先盛出备用。

❸ 原锅烧热再放入芹菜翻炒，加盐并放入鸡肫拌炒至熟即可。

{制作要点} 鲜鸡肫一定要清洗干净。

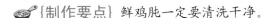

黄花菜炒鸡蛋 健康提示｜黄花菜有养血平肝之功效。

{材料} 黄花菜150克，鸡蛋2个，木耳、虾米各20克，植物油、精盐、香油各适量。

{做法}

① 虾米、黄花菜和木耳泡软，洗净沥干；黄花菜切段焯水处理；木耳切丝。

② 鸡蛋打入碗中，加精盐搅散；起油锅，放入鸡蛋翻炒。

③ 再放入虾米、黄花菜、木耳翻炒匀炒熟，放盐调味，淋香油即可。

{制作要点} 新鲜黄花菜应当少吃或不吃。

滑炒鸭片 健康提示｜心脏疾病患者宜多食鸭肉。

{材料} 鸭胸脯肉400克，丝瓜1根，冬笋30克，鸡蛋1个，植物油、淀粉、盐、酱油、料酒、香油、姜丝各适量。

{做法}

① 鸭胸脯肉洗净，切片，用蛋清、盐、淀粉拌匀；冬笋放沸水焯熟捞出，过晾切片；丝瓜洗净切片。

② 起油锅放入鸭肉滑散至熟，取出控油。

③ 原锅烧热放入姜丝煸炒出香味，烹入料酒，放鸭肉、冬笋和丝瓜，再加上酱油、盐快速炒匀，淋上香油即可。

{制作要点} 炒调味料的油要少，火要小，才能炒出鲜香味。

鸡蛋炒蚬肉 健康提示｜蚬肉有清热祛湿的功效。

{材料} 蚬子500克，鸡蛋3个，木耳20克，黄瓜30克，植物油、盐、料酒、香油、姜各适量。

{做法}

① 蚬子刷洗干净，放入沸水中氽开取肉。

② 木耳用温水泡软，洗净后撕小块；黄瓜洗净，切片；姜剁细末。

③ 鸡蛋打散在碗内，放入蚬肉、姜末、木耳和黄瓜，再加入盐和料酒搅拌均匀；起油锅放入挑好的鸡蛋蚬肉，边炒边淋少许植物油，待鸡蛋炒至凝固时，淋上香油即可。

{制作要点} 蚬子外壳张开后需马上取出放冷水中过凉。

蒜薹炒鸡肉

健康提示 | 此菜对虚劳瘦弱者有食疗作用。

{材 料} 蒜薹250克，鸡肉250克，植物油、姜、盐、酱油各适量。

{做 法}
① 蒜薹去老梗洗净切段；鸡肉洗净剁块；姜切末。
② 起油锅爆香姜末，鸡肉入锅翻炒至变色，加蒜薹同炒片刻后，再加水翻炒。
③ 待汁浓稠，加盐、酱油翻炒匀即可。

{制作要点} 鸡肉入锅前入沸水中略焯，可去腥味。

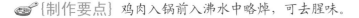

滑炒鸡肉笋干

健康提示 | 鸡肉的蛋白质含量较高。

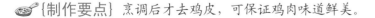

{材 料} 鸡肉250克，笋干50克，鸡蛋1个，植物油、香油、料酒、淀粉、盐、葱丝各适量。

{做 法}
① 鸡肉洗净后切薄片，用蛋清、盐和淀粉抓匀上浆；笋干用清水浸泡至软，取出切丝，用沸水略烫，捞出过晾。
② 起油锅用葱丝炝锅，再放入鸡肉片滑炒至熟。
③ 再放入笋干，加上料酒、盐，用大火快速炒匀，淋上香油即可。

{制作要点} 烹调后才去鸡皮，可保证鸡肉味道鲜美。

鸡肉山药

健康提示 | 山药可以防治人体脂质代谢异常。

{材 料} 山药30克，鸡肉100克，植物油、精盐、料酒、酱油、姜各适量。

{做 法}
① 鸡肉洗净，放入锅里煮去血水；山药洗净切片；姜切丝。
② 起油锅爆香姜丝，放入鸡肉炒熟后，放入山药同炒片刻。
③ 加酱油、料酒、精盐和适量水翻炒至收汁即可。

{制作要点} 山药置通风干燥处更易储藏。

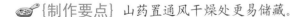

百合丝瓜炒鸡片

健康提示 | 丝瓜富含维生素C。

{材 料} 百合200克，鸡胸肉150克，丝瓜1根，植物油、蒜蓉、葱、香油、酱汁、料酒、盐、淀粉各适量。

{做 法}

❶ 丝瓜去皮，切件，用少许盐、油略炒至软身待用；百合剥成瓣后，洗净沥干；鸡胸肉略冲洗，切片。

❷ 起油锅爆香蒜蓉、葱片，将鸡肉煸炒至九成熟。

❸ 加入所有调味料、丝瓜、百合炒至熟即可。

{制作要点} 烹制丝瓜时应注意尽量保持清淡。

鸭蛋炒黄瓜

健康提示 | 此菜适合咽干喉痛者食用。

{材 料} 鸭蛋2个，黄瓜1根，植物油、葱、蒜、盐各适量。

{做 法}

❶ 鸭蛋煮熟去壳切块；黄瓜洗净切块；葱切花；蒜切末。

❷ 起油锅，爆香蒜，放鸭蛋翻炒，炒至蛋皮金黄时放入黄瓜炒熟。

❸ 加盐炒匀，撒葱花即可。

{制作要点} 可根据自家口味调配调味料。

莴笋炒鸡翅

健康提示 | 此菜对高血压、高血脂有疗效。

{材 料} 莴笋300克，鸡翅200克，植物油、姜、高汤、盐各适量。

{做 法}

❶ 莴笋去皮洗净切块；鸡翅洗净；姜切丝。

❷ 锅中加高汤，放入鸡翅、姜丝大火煮沸，略焯。

❸ 起油锅，放鸡翅、莴笋翻炒，加盐调味即可。

{制作要点} 鸡翅入锅前用开水略焯，可去除腥味。

雪里蕻炒鸭肉
健康提示 | 此菜能平衡人体的寒热。

{材 料} 雪里蕻200克，鸭肉400克，植物油、姜、盐、酱油各适量。

{做 法}
1 雪里蕻洗净切段；鸭肉洗净切块；姜切丝。
2 起油锅爆香姜丝，放入鸭肉炒至八成熟。
3 放入雪里蕻同炒至熟，放盐、酱油调味即可。

{制作要点} 用姜丝爆香后炒鸭肉，可以有效去除鸭肉的腥味。

酸辣鹌鹑蛋
健康提示 | 鹌鹑蛋具有补血补虚的功效。

{材 料} 鹌鹑蛋6个，糟辣椒、葱、蒜、植物油、盐各适量。

{做 法}
1 鹌鹑蛋清水煮熟；蒜切片；葱切葱花。
2 鹌鹑蛋剥壳备用。
3 起油锅放入蒜爆香，放入糟辣椒炒味，放入鹌鹑蛋轻轻翻炒入味，撒上葱花即可。

{制作要点} 翻炒时只需轻炒入味即可。

金针菇炒乳鸽
健康提示 | 此菜有补肝之功效。

{材 料} 金针菇50克，乳鸽250克，葱、姜、蒜、腐乳汁、白糖、酱油、料酒、精盐、陈皮、植物油各适量。

{做 法}
1 乳鸽洗净，用酱油、料酒、精盐腌制20分钟后放入油锅内炸至金黄色时捞起。
2 金针菇洗净后放入开水中汆烫，捞出；
3 起油锅放姜、蒜、葱、腐乳汁爆香，加乳鸽爆炒片刻，加酱油、白糖、陈皮及适量清水调成汁煮沸，放金针菇翻炒至熟即可。

{制作要点} 乳鸽不宜过食。

韭菜炒鸡肝

健康提示 | 此菜有补肝肾的功效。

🍅 {材料} 韭菜300克，鸡肝300克，葱、姜、蒜、酱油、料酒、精盐、植物油、胡椒粉各适量。

🍲 {做法}

① 鸡肝洗净切片；韭菜切段；姜、蒜切末；葱切花。

② 鸡肝用开水略烫沥干，拌入酱油、料酒略腌。

③ 起油锅放姜、蒜炝锅，再放入鸡肝炒至变色，盛出；原锅烧热加入韭菜炒熟后放入鸡肝，放精盐和胡椒粉略翻炒，撒葱花即可。

🍳 {制作要点} 鸡肝要先用冷水浸泡。

金针鸡

健康提示 | 此菜有调节脾胃之功效。

🍅 {材料} 黄花菜50克，鸡肉250克，植物油、精盐、葱、蒜、姜、料酒各适量。

🍲 {做法}

① 黄花菜洗净，用开水氽烫，捞出沥干；鸡肉斩件，用精盐、料酒腌制入味；葱切花；姜蒜切末。

② 起油锅放姜、蒜炝锅，放鸡肉炒熟。

③ 放黄花菜煸炒片刻，再加精盐调味，撒上葱花炒匀即可。

🍳 {制作要点} 用姜、蒜炝锅时油温不可过高。

小白菜炒蛋

健康提示 | 此菜能补血益气、强身健脑。

🍅 {材料} 鹌鹑蛋4个，小白菜200克，蒜、精盐、胡椒粉、植物油各适量。

🍲 {做法}

① 鹌鹑蛋用清水煮熟，剥壳；小白菜洗净沥干切段；葱切段；蒜切末。

② 起油锅放蒜末爆香，放入小白菜。

③ 鹌鹑蛋入锅翻炒匀，加精盐、胡椒粉调味即可。

🍳 {制作要点} 小白菜烹调时间不需过久。

干椒炒鸽子

健康提示 | 此菜对改善怕冷有一定疗效。

{材 料} 鸽子1只，红干椒20克，姜、蒜、植物油、盐、醋、生抽、花椒各适量。

{做 法}

① 鸽子清理干净剁块，焯去血水后沥干；姜、蒜切片。

② 起油锅放入红干椒、姜、蒜爆香。

③ 放入鸽子爆炒，放盐、醋、生抽、花椒翻炒，加适量清水炒熟，大火收汁，起锅即可。

{制作要点} 此菜要旺火快炒。

韭菜炒鸡蛋

健康提示 | 韭菜可改善贫血者体质。

{材 料} 韭菜300克，鸡蛋2个，植物油、葱、盐各适量。

{做 法}

① 韭菜洗净切段；鸡蛋打散；葱切花。

② 鸡蛋和韭菜加葱花，放适量盐搅拌。

③ 起油锅，混合蛋液放入锅内翻炒至淡黄色出锅即可。

{制作要点} 此菜不宜炒太久。

鸡肉炒冬笋

健康提示 | 此菜对腰膝酸软有一定功效。

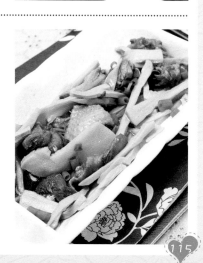

{材 料} 冬笋300克，鸡肉250克，植物油、葱、蒜、盐各适量。

{做 法}

① 冬笋洗净切片；鸡肉洗净切块；蒜切末、葱切花。

② 起油锅放入蒜炒香，鸡肉入锅炒香。

③ 放入冬笋同炒匀，加盐调味，撒上葱花即可。

{制作要点} 鸡肉炒过后的香味更浓。

制作要点

　　蘑菇清洗要彻底，焯水时间不宜过长。

科学配餐：圆白菜炒番茄（P34）

科学配餐：辣炒鱿鱼（P208）

鸡片鲜蘑菇

{材料}

鲜蘑菇200克，鸡胸肉50克，香菜30克，植物油、淀粉、白糖、精盐、鸡粉、姜丝各适量。

{做法}

❶ 鲜蘑菇洗净，切厚片，放入沸水中焯烫，捞出沥干；鸡胸肉切丝；香菜切段备用。

❷ 起油锅用姜丝炝锅，放入蘑菇、鸡丝煸炒片刻。

蘑菇的营养有助心脏健康，并能增强免疫力。蘑菇不同于其他蔬菜和果品，其中的维生素D含量很丰富，有益于骨骼健康。

❸ 用白糖、精盐、淀粉、鸡粉调好味，撒入香菜即可。

健康贴士

117

茄汁鹌鹑蛋

健康提示 | 此菜有养脑、补脑的效果。

{材 料} 鹌鹑蛋10个，番茄1个，淀粉、植物油、盐、糖各适量。

{做 法}

① 鹌鹑蛋用清水煮熟，剥壳切开；番茄榨汁；淀粉用水稀释。

② 起油锅，番茄汁入锅，加糖熬制成番茄酱。

③ 放入鹌鹑蛋翻炒匀，放入淀粉汁，炒至汁浓稠后，加盐拌匀即可。

{制作要点} 番茄汁的稠度根据个人口味调制。

鹌鹑炒冬笋

健康提示 | 此菜具有清热化痰的功效。

{材 料} 鹌鹑肉200克，冬笋50克，黄瓜1根，植物油、料酒、酱油、高汤、花椒水、盐各适量。

{做 法}

① 鹌鹑肉切片；冬笋、黄瓜洗净切片。

② 起油锅放入鹌鹑滑熟，捞出沥油。

③ 净锅烧热放入高汤、盐、料酒、花椒水、酱油、冬笋、黄瓜翻炒至沸后，鹌鹑回锅焖炒入味即可。

{制作要点} 可适量加点枸杞、薏仁一同食用。

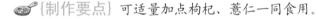

鸭肉冬粉

健康提示 | 鸭肉是人们进补的优良食品。

{材 料} 鸭肉400克，粉丝100克，枸杞30克，芹菜50克，植物油、料酒、盐、香油、姜丝各适量。

{做 法}

① 鸭肉剁成块状，放入沸水焯烫，捞出洗净；枸杞、粉丝浸泡后洗净；芹菜洗净切末。

② 起油锅放入姜丝爆香，放入鸭肉翻炒，烹料酒，再放盐调味。

③ 放入粉丝，炒至粉丝变软，放入芹菜、枸杞炒匀，淋香油即可。

{制作要点} 枸杞要最后才放，才能保持枸杞的营养。

香菇鸡丁

健康提示 | 此菜有补益气血之功效。

{材 料} 鸡脯肉400克，香菇100克，大蒜、葱、植物油、盐、胡椒粉各适量。

{做 法}

① 鸡脯肉切丁；香菇泡发洗净切块；大蒜捣蓉。

② 起油锅爆香蒜蓉，加入鸡丁、香菇煸炒。

③ 待至熟后，加盐、胡椒粉调味，再撒上葱花即可。

{制作要点} 鸡脯肉一定要先焯烫去血水，炒时更易入味。

冬笋炒鹌鹑

健康提示 | 此菜有通畅肠道之功效。

{材 料} 鹌鹑肉300克，冬笋100克，植物油、鸡精、葱、姜、蒜、料酒、香辣酱、鲜汤、水淀粉、盐各适量。

{做 法}

① 鹌鹑肉洗净切块，加料酒、盐、鸡精、水淀粉腌制待用；冬笋洗净切片；葱切花；蒜、姜切片。

② 起油锅放入鹌鹑肉过油至焦黄，捞出沥油。

③ 原锅放入蒜、姜炒香，放冬笋，加盐煸炒，鹌鹑回锅，放香辣酱、鸡精爆炒至焦香，加鲜汤略焖，入味后加水淀粉勾芡，撒葱花即可。

{制作要点} 用鲜汤略焖时要转中火，这样味道会更好。

竹荪炒鸭肉

健康提示 | 此菜对改善身体虚弱有疗效。

{材 料} 竹荪50克，鸭肉200克，植物油、红干椒、葱、姜、盐、酱油各适量。

{做 法}

① 竹荪泡发洗净切段；鸭肉洗净切块；红干椒、葱切花；姜切片。

② 起油锅爆香红干椒，鸭肉入锅翻炒，加姜片炒5分钟。

③ 放入竹荪、酱油炒至熟，加盐调味，撒葱花即可。

{制作要点} 可放适量当归同食，有补血作用。

番茄炒鸭肉　健康提示｜鸭肉蛋白质的含量比畜肉高。

{材料}　番茄2个，鸭肉200克，植物油、姜、盐、酱油各适量。

{做法}
① 番茄洗净切小块；鸭肉切片；姜切片。
② 起油锅，放鸭肉、姜入锅翻炒至熟。
③ 放入番茄、盐和酱油同炒，炒至番茄出汁即可。

{制作要点}　鸭肉不能与龟肉、鳖肉同食。

鸡肉海蜇皮　健康提示｜此菜适合高血压且身体虚弱者。

{材料}　海蜇200克，鸡肉300克，姜丝、清汤、料酒、胡椒粉、盐、醋、植物油各适量。

{做法}
① 海蜇切细丝，用清水搓洗干净，放入沸水锅中焯烫，捞出沥水。
② 鸡肉洗净，切片；用清汤、料酒、盐、胡椒粉兑成芡汁。
③ 起油锅放入鸡肉，迅速滑散，放入姜丝略炒，烹入醋，加入海蜇后，快速放入芡汁，炒匀即可。

{制作要点}　放鸡肉时油锅的火候要大，翻炒要快速。

板栗炒鸡　健康提示｜此菜一般人群适宜食用。

{材料}　鲜鸡500克，生板栗250克，植物油、料酒、糖、淀粉、酱油、上汤、姜片、葱花各适量。

{做法}
① 鲜鸡洗净，斩件。
② 板栗煮熟去外壳取肉，剥去外衣，放入沸水锅中煮至半熟。
③ 起油锅放入鸡块、板栗，加入料酒、酱油、盐、糖和上汤翻炒至熟，入味汁浓稠后加淀粉水勾芡，再翻炒片刻即可。

{制作要点}　板栗生食不易消化，所以要煮熟。

腊肠炒鸡

健康提示 | 鸡肉富含人体所需营养成分。

{材 料} 鲜鸡500克，腊肠1根，香菇20克，精盐、淀粉、植物油、姜片、葱段各适量。

{做 法}

① 腊肠切片；香菇浸透后切片。

② 鲜鸡洗净，斩件，用精盐腌制5分钟，再用葱段、淀粉、香菇、姜片一起拌匀。

③ 起油锅放入腊肠煸炒出油后，放入鸡肉翻炒至熟即可。

{制作要点} 腊肠适合冬春季食用。

金针菇炒土鸡

健康提示 | 土鸡营养更丰富。

{材 料} 土鸡250克，金针菇100克，植物油、料酒、红糖、淀粉、油、盐、葱段、姜片各适量。

{做 法}

① 土鸡洗净，斩件；金针菇洗净，去根部。

② 用盐、红糖和料酒腌制鸡块，再加入淀粉和油拌匀。

③ 起油锅放葱段、姜片炝锅，放鸡块翻炒，再放入金针菇同炒至熟即可。

{制作要点} 挑选土鸡要头小、毛亮、脚细、毛孔小。

香炒鸭肉

健康提示 | 鸭肉营养丰富，药用价值高。

{材 料} 净鸭肉500克，红枣50克，桂圆、莲子各30克，油菜心50克，植物油、料酒、精盐、葱、姜、胡椒粉各适量。

{做 法}

① 红枣去核；桂圆肉洗净；莲子泡水，去皮去心，煮熟；葱切段；姜切片；油菜心切整齐，烫熟。

② 鸭肉洗净出水，斩块，放入沸水锅内焯烫。

③ 起油锅放入姜片、葱段炝锅，放入料酒、精盐、胡椒粉、鸭肉、桂圆、莲子、红枣翻炒至熟，盛出装碟，油菜心围边即可。

{制作要点} 红枣在烹调时候一定要去核。

莲藕炒鸭　健康提示｜此菜有利水消肿之功效。

🦆 {材料} 鸭肉500克，莲藕100克，植物油、姜、胡椒粉、香油、酱油、料酒、盐各适量。

🍲 {做法}

① 鸭肉洗净切片；莲藕去皮洗净切片；姜切末。

② 莲藕用沸水焯烫；鸭肉用盐、胡椒粉、酱油、料酒、香油拌匀。

③ 起油锅爆香姜末，鸭肉入锅煸炒至熟，放入莲藕快速翻炒，加盐调味即可。

🥘 {制作要点} 老抽可以让这道菜的颜色更加鲜亮。

鸡肉豆腐　健康提示｜此菜具有提高记忆力的作用。

🦆 {材料} 鸡肉400克，豆腐200克，植物油、姜、蒜、葱、淀粉、精盐、胡椒粉各适量。

🍲 {做法}

① 将鸡肉剁块，与淀粉调和；豆腐切块；姜、蒜切片；葱切花。

② 锅内加水煮沸，鸡块入锅，加姜、蒜焯烫。

③ 起油锅放入鸡块，加精盐、胡椒粉翻炒，放入豆腐收汁，撒葱花起锅即可。

🥘 {制作要点} 拌了淀粉的鸡肉块很容易就能熟透，所以不必久炒。

鸡肝炒尖椒　健康提示｜此菜适宜脾胃虚寒者。

🦆 {材料} 鸡肝200克，青尖椒1个，植物油、姜、蒜、盐、料酒、酱油、鸡精各适量。

🍲 {做法}

① 将鸡肝洗净切片，放盐、酱油、鸡精、料酒拌匀备用；青尖椒洗净切丝；姜、蒜切末。

② 起油锅，爆香姜、蒜，放鸡肝入锅翻炒至灰褐色，放青尖椒同炒。

③ 放适量盐炒匀即可。

🥘 {制作要点} 鸡肝可以在沸水中略焯，炒时易熟。

卤香鸭块　健康提示｜此菜能起到养胃护胃的作用。

{材 料}　净鸭500克，八角1个，植物油、香糟卤、鸡汤、水淀粉、酱油、白砂糖、精盐、花椒、葱段、姜片各适量。

{做 法}

① 净鸭洗净，烧水放入净鸭、八角和花椒煮10分钟，取出鸭子，剁成大块。

② 起油锅放入葱段、姜片炒香，放入香糟卤、精盐、鸡汤和鸭肉翻炒。

③ 加酱油、白砂糖炒至熟，放水淀粉勾芡，淋鸡油即可。

{制作要点}　鸭肉入锅前入沸水中略焯，可去腥味。

山药炒鸡　健康提示｜此菜可改善体质。

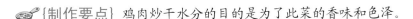

{材 料}　山药300克，鸡肉300克，植物油、葱花、蒜末、盐、胡椒粉各适量。

{做 法}

① 山药去皮洗净，切块；鸡肉洗净，切块。

② 起油锅爆香蒜末，鸡肉入锅，加盐炒干水分。

③ 放入山药、盐、胡椒粉翻炒入味，收汁撒葱花即可。

{制作要点}　鸡肉炒干水分的目的是为了此菜的香味和色泽。

土豆炒鸡　健康提示｜此菜能增强免疫力。

{材 料}　土豆2个，鸡肉300克，植物油、蒜末、盐、胡椒粉、葱花各适量。

{做 法}

① 土豆去皮洗净切丝；鸡肉切块。

② 起油锅爆香蒜末，放入鸡块炒熟后，盛出。

③ 原锅烧热放入土豆大火炒至熟，鸡肉回锅炒匀，加盐、胡椒粉调味，撒葱花即可。

{制作要点}　鸡肉也可以先入沸水锅内焯一下血水。

平菇鸡丁

健康提示 | 此菜对心血管系统疾病有预防作用。

{材 料} 平菇250克，鸡脯肉300克，干辣椒20克，酱油、植物油、姜丝、蒜末、盐、芝麻油各适量。

{做 法}

① 平菇洗净撕片；鸡脯肉洗净，切丁。

② 起油锅爆香蒜、姜和干辣椒，爆炒鸡丁后盛出。

③ 原锅烧热放入平菇，炒至干水汽，鸡肉回锅，加酱油、盐、芝麻油拌炒起锅即可。

{制作要点} 平菇洗后不必沥干，但是炒时，一定要炒干水汽。

茴香豆蛋

健康提示 | 此菜可预防动脉硬化。

{材 料} 鹌鹑蛋8个，豌豆100克，植物油、蒜末、盐、茴香粉、辣椒酱、酱油各适量。

{做 法}

① 鹌鹑蛋煮熟剥壳；豌豆浸泡。

② 豌豆入锅，加适量水煮熟后捞起。

③ 起油锅爆香蒜末，豌豆、鹌鹑蛋入锅，加盐、茴香粉、辣椒酱、酱油翻炒入味即可。

{制作要点} 豌豆需提前半天浸泡。

西洋菜炒鸭肉

健康提示 | 经常腹泻者忌食鸭肉。

{材 料} 西洋菜300克，鸭肉250克，植物油、蒜、姜、盐、酱油各适量。

{做 法}

① 西洋菜洗净切段；鸭肉洗净切块；蒜切末；姜切片。

② 起油锅爆香蒜、姜，放鸭肉入锅翻炒，加盐、酱油同炒匀。

③ 将至熟后加西洋菜略炒即可。

{制作要点} 西洋菜烹调时间不需过长，最后放即可。

鹌鹑炒香菇

健康提示 | 此菜适宜消化不良者。

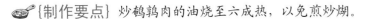

{材 料} 鹌鹑肉300克，香菇150克，油菜 50克，植物油、姜、蒜、酱油、盐各适量。

{做 法}

1. 鹌鹑肉切块；香菇切丝；油菜切段，姜、蒜切片。
2. 起油锅，鹌鹑肉入锅煎炒至金黄捞出。
3. 热锅留底油，爆香姜、蒜后，放香菇入锅煸炒，再放入鹌鹑肉、油菜、盐略炒即可。

{制作要点} 炒鹌鹑肉的油烧至六成热，以免煎炒煳。

花生仁炒鸭肉

健康提示 | 此菜对病后体虚有疗效。

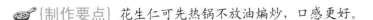

{材 料} 花生仁300克，鸭肉400克，姜、盐各适量。

{做 法}

1. 花生仁洗净；鸭肉洗净剁块；姜切片。
2. 鸭块在沸水锅内略焯，捞出沥水。
3. 起油锅放入花生仁、鸭肉、姜、盐大火翻炒，转小火炒至熟即可。

{制作要点} 花生仁可先热锅不放油煸炒，口感更好。

芋头炒鸡

健康提示 | 此菜即补养脾胃，又有营养。

{材 料} 芋头300克，鸡肉300克，葱、姜、蒜、豆瓣酱、植物油、盐、胡椒粉、酱油各适量。

{做 法}

1. 芋头去皮洗净切块；鸡肉洗净切块；葱切段；蒜去皮；姜切片。
2. 起油锅放入豆瓣酱炒香，放入鸡肉翻炒，放胡椒粉、蒜、酱油和姜炒香。
3. 加适量水、盐、芋头炒匀，至汁浓稠，撒葱段即可。

{制作要点} 加水尽可能一次加够，中途若要加水则加开水。

制作要点

有酒味的枸杞已变质，不可食用。

嫩滑炒鸭片

[材料]

鸭胸脯肉200克，枸杞20克，松仁15克，植物油、葱末、姜末、盐、料酒、水淀粉、胡椒粉各适量。

科学配餐：蚝油生菜 （P20）

科学配餐：金针菇炒牛肉 （P171）

[做法]

① 鸭胸脯肉切片，用盐和料酒拌匀；枸杞温水泡软，洗净；松仁煸炒至熟备用。

② 起油锅放鸭片滑散至熟，捞出。

鸭肉中所含维生素B和维生素E较其他肉类丰富，能有效抵抗脚气、神经炎和多种炎症，还能抗衰老。

健康贴士

③ 原锅烧热用葱末、姜末炝锅，放入枸杞、鸭肉、盐、料酒和胡椒粉翻炒，用水淀粉勾芡，撒上松仁即可。

胡萝卜鸡蛋饼　健康提示│鸡蛋富含各类营养。

{材 料} 胡萝卜200克，鸡蛋2个，植物油、葱、姜、盐、花椒粉各适量。

{做 法}

1. 将胡萝卜洗净切丁；鸡蛋打散；葱、姜切末。
2. 将葱、姜、盐、花椒粉放入鸡蛋液中搅拌均匀。
3. 起油锅，将胡萝卜丁炒熟，放入鸡蛋液摊成饼状煎至金黄即可。

{制作要点} 鸡蛋液摊成饼状要两面煎，以免煎煳。

酱焖鹌鹑　健康提示│此菜适宜肺虚久咳者。

{材 料} 鹌鹑肉300克，植物油、葱、姜、高汤、料酒、鸡精、水淀粉、胡椒粉、五香粉、盐、酱油各适量。

{做 法}

1. 鹌鹑肉洗净切块，用盐、料酒、鸡精、水淀粉腌制10分钟；姜切末；葱切花。
2. 起油锅，鹌鹑肉入锅煸炒至金黄捞出。
3. 锅内留底油，爆香姜，加高汤，放鹌鹑肉、胡椒粉、五香粉、盐、酱油大火翻炒至将熟，改小火汁收，撒葱花即可。

{制作要点} 焖肉出锅前略加淀粉水，使得肉更光滑。

鸡蛋炒黄瓜　健康提示│此菜适宜肥胖者食用。

{材 料} 鸡蛋3个，黄瓜300克，植物油、盐各适量。

{做 法}

1. 将鸡蛋打散；黄瓜洗净切片。
2. 起油锅，蛋液入锅煎至金黄色出锅。
3. 热锅留底油，放入黄瓜翻炒，加蛋花和适量盐略炒即可。

{制作要点} 先用盐水略腌黄瓜，口感更加脆爽。

美味畜肉篇

肉类能提供人体所必需的氨基酸、脂肪酸、无机盐和维生素。肉类食品吸收率高，饱腹作用强，味美，可以烹调成各种各样的菜肴，食用价值较高。

●常见食材的选购与功效

01 猪肉　每餐100~150克。

{健康功效}

　　猪瘦肉含优质蛋白质和人体必需的脂肪酸，可提供血红素（有机铁）和促进铁吸收的半胱氨酸，能改善缺铁性贫血。猪皮中含有能有效地改善机体生理功能和皮肤组织细胞的储水功能的成分。

{营养成分}

　　每100克猪肉：热量395千卡、蛋白质13.2毫克、脂肪37毫克、碳水化合物2.4克、胆固醇80毫克、钙6毫克、磷162毫克、铁1.6毫克、钠59.4毫克。

{选购要点}

一看：有光泽，皮薄，红色均匀，肥肉呈乳白色，外观微干或湿润。

二摸：不沾手，有韧性，用手压在瘦肉上，凹陷能立即恢复。

三闻：具有鲜猪肉固有的气味，同时无异味。

> 吃瘦肉时不要饮牛奶。因为牛奶里含有大量的钙，而瘦肉里则含磷，这两种营养素不能同时吸收，国外医学界称之为磷钙相克。

健康贴士

02 牛肉　每餐150~200克。

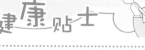

{健康功效}

　　牛肉含有丰富的蛋白质，氨基酸组成比猪肉更接近人体需要，能提高机体抗病能力，对生长发育及手术后、病后调养的人在补充失血等方面特别适宜。

{营养成分}

　　每100克牛肉：热量126千卡、蛋白质17.8克、脂肪2克、碳水化合物0.2克、钙6毫克、铁2.2毫克、磷150毫克、钾270毫克、钠48毫克。

{选购要点}

一看颜色：嫩牛肉呈鲜红色，老牛肉则呈紫红色。

二看外表：牛肉外表有一层微微干燥的表皮，不黏手。

二看切面：肉的切断面红润，肉质紧密。

> 牛肉不宜常吃的说法是错误的，在西方发达国家，牛肉是仅次于猪肉的肉类食物。

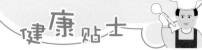

健康贴士

03 羊肉
每餐100~200克。

【健康功效】

　　羊肉历来被当做冬季进补的重要食品之一。寒冬常吃羊肉可益气补虚，促进血液循环，增强御寒能力。羊肉还可增加消化酶，保护胃壁，帮助消化。非常适合体质偏于虚寒的中老年人食用。

【营养成分】

　　每100克羊肉：热量118千卡、蛋白质20.5克、脂肪3.9克、碳水化合物0.2克、钙9毫克、铁3.9毫克、磷196毫克、钾403毫克。

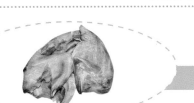

羊肉燥热，不宜多吃，建议每次食用50克左右。

【选购要点】
一看色泽：深红或淡红，有光泽，脂肪洁白和乳白。
二用指按：肉细紧密有弹性，指压后凹陷能立即恢复。
三用手摸：外表略干，不黏手。

健康贴士

04 兔肉
每餐100~150克。

【健康功效】

　　经常食用兔肉，既能增强体质，使肌肉丰满健壮、抗松弛衰老，又不至于使身体发胖，是肥胖者的理想食品。对于高血压患者来说，吃兔肉可以阻止血栓的形成，并且对血管壁有明显的保护作用。

【营养成分】

　　每100克兔肉：热量102千卡、蛋白质19.7克、脂肪2.2克、碳水化合物0.9克、钙12毫克、铁2毫克、磷165毫克、钾284毫克、钠45.1毫克。

兔肉中的蛋白质比一般肉类都高，每年深秋到冬末间味道更佳，是肥胖者和心血管病人的理想肉食。

【选购要点】
鲜兔肉：肌肉呈暗红色并略带灰色，肉质柔软，无其他异味。
冻兔肉：色红均匀，有光泽，脂肪洁白或淡黄色；结构紧密坚实，肌肉纤维韧性强；外表风干，有风干膜，或外表湿润，不黏手，有兔肉的正常气味。

健康贴士

05 猪肚

每餐100~150克。

{健康功效}

　　猪肚含有蛋白质、脂肪、碳水化合物、维生素及钙、磷、铁等，具有补虚损、健脾胃的功效，适用于气血虚损、身体瘦弱者食用。

{营养成分}

　　每100克猪肚：热量97千卡、蛋白质14.1克、脂肪3.5克、碳水化合物2.2克、胆固醇0.29毫克、钙11毫克、铁2.4毫克。

{选购要点}

一看：外表白色略带浅黄，内外无脏物。

二摸：质地坚实富有弹性，黏液较多。

三闻：无其他异味。

将猪肚煮烂，经常食用，对怀孕妇女胎气不足，或娩后虚弱者最为适宜。

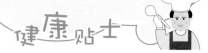

06 猪肝

每餐80~100克。

{健康功效}

　　猪肝有"营养库"之美称。其中含铁质丰富，是补血食品中最常用的食物，食用猪肝可调节和改善贫血病人造血系统的生理功能。猪肝能保护眼睛，维持正常视力，防止眼睛干涩、疲劳。

{营养成分}

　　每100克猪肝：热量143千卡、蛋白质22.7克、脂肪5.7克、钙54毫克、铁7.9毫克、磷330毫克、钾300毫克、钠88.3毫克。

{选购要点}

一看：外形正常，颜色为暗紫红色，表面光滑没有不良肿块，没有斑点和组织纹细。

二摸：手摸坚实无黏液，用手指掐入十分容易。

三闻：无不良气味。

猪肝配菠菜食用，治疗贫血效果最好。炒猪肝不要一味求嫩，否则，既不能有效去毒，又不能杀死病菌、寄生虫卵。

07 猪蹄

每餐150~250克。

{健康功效}

猪蹄对于经常性的四肢疲乏、腿部抽筋、麻木、消化道出血、失血性休克、缺血性脑患者有一定辅助疗效。猪蹄有壮腰补膝和通乳之功，可用于肾虚所致的腰膝酸软和产妇产后缺少乳汁之症。

{营养成分}

每100克猪蹄：热量260千卡、蛋白质22.6毫克、脂肪18.8毫克、胆固醇192毫克、钙33毫克、铁1.1毫克、磷33毫克。

{选购要点}

要选择脂肪洁白、肉色红润，无异味的新鲜猪蹄。尽量选择前蹄。因为前蹄比后蹄好。

胃肠消化功能减弱的老年人每次以吃100克清炖猪蹄为宜，儿童每次要更少一些。

健康贴士

08 猪血

每餐150~200克。

{健康功效}

猪血富含铁，对贫血而面色苍白者有改善作用，是排毒养颜的理想食物。对营养不良、肾脏疾患、心血管疾病者的病后的调养都有益处，可用于辅助治疗头晕目眩、损伤出血以及惊厥癫痫等症。

{营养成分}

每100克猪血：热量55千卡、蛋白质12.2克、脂肪0.3克、碳水化合物0.9克、胆固醇51毫克、钙4毫克、铁8.7毫克。

{选购要点}

以色正新鲜、无夹杂猪毛和杂质、质地柔软、非病猪之血为优。

猪血不宜与黄豆同吃，否则会引起消化不良；猪血不能与海带同食，否则会导致便秘。

健康贴士

09 腊肠

每餐100~200克。

{健康功效}

腊肠含有丰富的磷、钾、钠，还有脂肪、蛋白质、胆固醇、碳水化合物等，具有开胃助食，增进食欲的功效。

{营养成分}

每100克腊肠：热量267千卡、蛋白质12.9毫克、脂肪20.1毫克、碳水化合物8.6克、胆固醇69毫克、钙24毫克、铁1.5毫克。

{选购要点}

一看：优质的腊肠，色泽红白分明，肥瘦肉均匀分布，不应有太多肥肉或太多瘦肉。肥瘦比例不均或肥猪肉太多就是劣质货。

二捏按：用手指按后肉质弹手。只要是新鲜猪肉制的腊肠，无论是半肥瘦还是中全瘦，摸来都应该结实而有弹性。

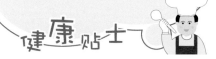

在吃腊肠时如能多吃一些富含维生素C的蔬菜和水果，可避免亚硝酸胺的形成。

健康贴士

10 腊肉

每餐150~250克。

{健康功效}

腊肉选用新鲜的带皮五花肉，分割成块，用盐和少量亚硝酸钠或硝酸钠、黑胡椒、丁香、香叶、茴香等香料腌渍，再经风干或熏制而成，它含有丰富的磷、钾，还含有脂肪、蛋白质、胆固醇等。

{营养成分}

每100克腊肉：热量181千卡、蛋白质22.3毫克、脂肪9毫克、碳水化合物2.6克、胆固醇46毫克、钙2毫克、铁2.4毫克。

{选购要点}

看颜色：色泽鲜明，瘦肉呈鲜红或暗红色，肥肉透明或呈乳白色的为优质品。若肉色灰暗无光、脂肪发黄、有霉斑、带有黏液，有酸味或其他异味，则是次品。

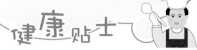

腊肉多含有亚硝酸盐，这些物质有明显的致癌性，不宜长期食用。

健康贴士

11 猪心 每餐80~100克。

{健康功效}

猪心对加强心肌营养，增强心肌收缩力有很大的作用。临床有关资料说明，许多心脏疾患与心肌的活动力正常与否有着密切的关系。多食猪心可以增强心肌营养，有利于功能性心脏疾病的痊愈。

{营养成分}

每100克猪心：热量119千卡、蛋白质16.6毫克、脂肪5.3毫克、碳水化合物1.1克、胆固醇15毫克、钙12毫克、铁4.3毫克。

{选购要点}

一看：呈淡红色，脂肪乳白或带微红色。

二挤：组织坚实，富有弹性，用手挤压有鲜红的血液、血块排出者。

三闻：气味正常，无其他异臭味。

猪心与少量的桂圆肉、党参和红枣共煮汤食用，对气血亏虚引起的失眠健忘有疗效。

健康贴士

12 猪腰 每餐80~100克。

{健康功效}

猪腰富含蛋白质、脂肪，另含碳水化合物、核黄素、维生素A、硫胺素、抗坏血酸、钙、磷、铁等成分，具有补肾壮阳、固精益气的作用。适宜肾虚、腰酸、腰痛、遗精、盗汗者食用。

{营养成分}

每100克猪腰：热量96千卡、蛋白质15.4毫克、脂肪3.2毫克、碳水化合物1.4克、胆固醇354毫克、钙12毫克、铁6.1毫克。

{选购要点}

一看：表层有完整的薄膜。

二看：呈浅红色，有光泽，无各色斑点和肿块。

三按：组织结实，有弹性。

四闻：略带臊味，无臭味。

猪肾含有较多的胆固醇和嘌呤，一次不可多吃，否则会引起或加重高脂血症。

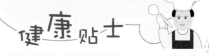

健康贴士

黄花菜炒肉丝

健康提示 | 黄花菜对烦热头晕有疗效

🍅 {材　料} 黄花菜100克，猪瘦肉300克，青柿子椒1个，蒜、植物油、盐、花椒、酱油、淀粉、醋各适量。

🍲 {做　法}
① 黄花菜浸泡后撕开；瘦肉切丝，加淀粉、醋拌匀；菜椒切丝；蒜切小片。
② 起油锅放入花椒、蒜爆香，瘦肉放入锅爆炒，加酱油翻炒盛出。
③ 另起油锅放青柿子椒、黄花菜一同放入锅翻炒至熟，肉片回锅，加盐翻炒片刻即可。

🍳 {制作要点} 爆炒瘦肉前，用淀粉加醋拌匀，香味和口感会更好。

香炒牛三丝

健康提示 | 此菜有补脾胃、益气盘的功效。

🍅 {材　料} 牛肉250克，胡萝卜1根，西芹50克，植物油、辣椒油、豆瓣酱、葱、姜、老抽、糖、蒜蓉各适量。

🍲 {做　法}
① 牛肉、胡萝卜、西芹分别洗净，切丝；姜切片；葱切花。
② 烧锅放入油，先把牛肉爆炒后盛出备用。
③ 再次烧锅热油，加豆瓣酱、姜片略炒香，放蒜蓉、胡萝卜丝、西芹丝、牛肉丝及葱花、老抽、糖炒熟后，放入辣椒油拌匀即可。

🍳 {制作要点} 注意火候，牛肉不要太过。

肉丁炒冬笋

健康提示 | 冬笋开胃健脾、宽肠利膈。

🍅 {材　料} 猪里脊肉300克，冬笋100克，鸡蛋1个，淀粉、植物油、精盐、香油、料酒各适量。

🍲 {做　法}
① 猪里脊肉、冬笋分别洗净，切丁；肉丁用精盐、料酒、鸡蛋、淀粉抓匀。
② 烧锅放油，放入肉丁滑熟，再放入冬笋丁炒片刻，一起捞出沥油。
③ 重新烧热锅，放入肉丁和冬笋丁炒匀，淋上香油即可。

🍳 {制作要点} 烹调前用淡盐水煮5分钟，可去涩味。

菠萝炒肉片

健康提示 | 菠萝可增强机体的免疫力。

{材 料} 猪瘦肉150克，菠萝半个，青、红尖椒各1个，植物油、盐、番茄酱、姜片、蒜蓉各适量。

{做 法}

① 菠萝去皮，切片；猪瘦肉洗净，切片；尖椒切片。

② 烧锅放油放姜片、蒜蓉、尖椒片爆香，再加入肉片炒至六成熟。

③ 菠萝片加入同炒，调入番茄酱、盐，翻炒至熟即可。

{制作要点} 菠萝切片后，先用淡盐水浸泡，再用凉水浸洗。

藕炒肉片

健康提示 | 莲藕有一定的药用价值。

{材 料} 莲藕200克，瘦肉300克，姜、葱、蒜、植物油、盐、酱油、花椒各适量。

{做 法}

① 莲藕刮皮后洗净，切片；瘦肉切片；姜、蒜捣蓉；葱切花。

② 起油锅爆香姜、蒜，爆炒肉片后捞起。

③ 原锅烧热放入藕片迅速翻炒至熟，肉片回锅，加盐、酱油、花椒拌炒，撒上葱花起锅即可。

{制作要点} 猪肉要烹熟，以免腹泻。

土豆牛肉条

健康提示 | 土豆可以防止大便燥结。

{材 料} 牛肉250克，土豆1个，植物油、盐、酱油、姜、葱各适量。

{做 法}

① 牛肉洗净切片；土豆洗净去皮，切条；姜切丝；葱切花。

② 烧锅放入姜爆香，加入土豆煸炒，七成熟时加牛肉一起煸炒。

③ 加食盐、酱油调味，撒上葱花即可。

{制作要点} 牛肉的烹调时间不宜过长。

木耳炒肉丝　健康提示｜此菜具有滋阴润燥的作用。

{材　料} 瘦肉200克，木耳30克，青柿子椒1个，泡椒、植物油、酱油、醋、白糖、料酒、盐、淀粉、葱、姜、蒜各适量。

{做　法}
① 猪瘦肉切丝，用酱油、盐、料酒和水淀粉拌浆；青柿子椒、木耳洗净切丝；葱、姜、蒜切末；泡辣椒剁碎。
② 用糖、醋、酱油、葱末、姜末、蒜末、料酒和淀粉兑成汁。
③ 烧锅放油放肉丝稍炒，加入泡椒炒出味后，放入木耳和青柿子椒，随着翻炒放入兑好的汁，汁开时再翻炒片刻即可。

{制作要点} 别买皮薄颜色太鲜红的纯瘦肉。

米酒烧羊肉　健康提示｜羊肉可去热气湿痹、止渴健脾。

{材　料} 羊肉500克，米酒100克，姜片50克，红辣椒20克，蒜苗1根，香油、桂皮、柠檬水、酱油、精盐、鸡粉、植物油各适量。

{做　法}
① 羊肉剁块，用柠檬水泡10分钟，再用酱油、精盐、鸡粉和植物油腌制片刻；红辣椒剁块。
② 姜片煎香，放入羊肉煎炒出香味，加入米酒。
③ 待米酒烧干后，加适量清水、香料、蒜苗、辣椒调味翻炒10分钟，淋香油收汁装盘即可。

{制作要点} 佐料的量适宜时可很好地带出羊肉的野味。

肉片油麦菜　健康提示｜此菜善补善清，强体而利五脏。

{材　料} 油麦菜400克，瘦肉200克，植物油、姜丝、蒜末、盐、酱油各适量。

{做　法}
① 油麦菜洗净沥干水；瘦肉切片。
② 起油锅爆香姜、蒜，爆熟肉片盛起。
③ 原锅烧热放油麦菜翻炒至熟，肉片回锅，加盐、酱油调味即可。

{制作要点} 油麦菜可生食，烹调时间不需过长。

麻辣野兔块　健康提示｜兔肉可健脑益智、健美肌肉。

{材　料} 野兔肉500克，红辣椒25克，蒜苗2根，植物油、料酒、盐、酱油、醋、水淀粉、香油、花椒粉各适量。

{做　法}
❶ 兔肉洗净去骨和筋，切块，用酱油拌匀，加水淀粉浆好；红辣椒去蒂和籽，洗净切块；青蒜斜切段；酱油、醋、香油、水淀粉兑成汁。
❷ 烧锅热油放兔肉炸至焦酥，呈金黄色后捞出沥油。
❸ 热锅放红辣椒，加盐炒片刻再放花椒粉、蒜苗和兔肉，烹料酒，放入兑汁翻炒片刻，装盘即可。

{制作要点} 可用刀背捶松兔肉再切块，口感更好。

白菜心炒牛肉　健康提示｜白菜养胃生津利。

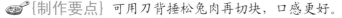

{材　料} 牛肉250克，白菜心200克，植物油、盐、醋、红糖、香油、料酒、姜、葱、淀粉各适量。

{做　法}
❶ 白菜剖开取心，切丝；葱和姜洗净切丝。
❷ 牛肉洗净，切丝，加盐、淀粉、醋腌制10分钟。
❸ 烧锅放油放入牛肉翻炒片刻，放入料酒、葱丝、姜丝，炒至入味加入白菜心，稍炒，拌入红糖、香油调味即可。

{制作要点} 炒牛肉时要注意炒的火候。

茼蒿排骨　健康提示｜本品能有效地养心健体、清心解郁。

{材　料} 茼蒿50克，芹菜100克，排骨250克，植物油、姜丝、蒜末、盐、花椒、酱油各适量。

{做　法}
❶ 茼蒿、芹菜洗净，分别切段、小片、小块；排骨洗净斩件。
❷ 起油锅，放入花椒爆香后去掉花椒不用，将排骨入锅翻炒，加姜丝、蒜末、酱油和清水焖煮。
❸ 待排骨八成熟时，将茼蒿、芹菜入锅翻炒，，同炒至熟，再加盐调味，收汁起锅即可。

{制作要点} 茼蒿煮至熟软才好吃。

139

蒜苗炒牛肉

健康提示 | 牛肉可补中益气、滋养脾胃。

{材 料} 牛肉300克，蒜苗30克，芹菜30克，植物油、水淀粉、豆瓣酱、姜末、盐、料酒、酱油各适量。

{做 法}

① 牛肉切片，用酱油、料酒和盐略腌制，再加水淀粉调拌均匀；蒜苗、芹菜洗净，切小段。

② 烧锅放油放牛肉片，炒至熟，捞起。

③ 再热锅，放牛肉、豆瓣酱、姜末、盐、酱油、料酒，烧沸后放蒜苗和芹菜，炒至入味即可。

{制作要点} 蒜苗煮的时间不宜太长，否则会软烂。

什蔬肉末

健康提示 | 此菜适宜肾虚体弱、心烦气躁者食用。

{材 料} 菠菜、小白菜、大白菜各100克，瘦肉100克，植物油、姜末、蒜末、盐各适量。

{做 法}

① 菠菜、小白菜、大白菜分别洗净，切碎；瘦肉剁末。

② 起油锅放入姜、蒜末爆香，放肉末入锅爆炒。

③ 放入各种蔬菜碎，加盐调味，翻炒至熟即可。

{制作要点} 蔬菜切碎的大小最好一致。

滑炒牛肉

健康提示 | 牛肉有助于身体的生长发育。

{材 料} 牛肉300克，嫩姜100克，料酒、酱油、白糖、水淀粉、植物油、胡椒粉各适量。

{做 法}

① 牛肉切片，用酱油、胡椒粉、水淀粉、料酒、植物油和清水，腌制1小时；姜切丝。

② 烧锅放油放牛肉片拌炒，待牛肉色白，倒出沥油。

③ 再热锅，放白糖、酱油、清水少许，烧沸后用水淀粉勾芡，放入牛肉片、姜丝炒匀即可。

{制作要点} 姜能很好地去除牛肉的腥味。

炒羊肝

健康提示 | 此菜适宜肝病患者食用。

{材 料} 羊肝250克，木耳20克，鸡蛋1个，植物油、淀粉、料酒、酱油、精盐、鲜汤、醋、葱、白糖、大蒜各适量。

{做 法}

① 羊肝洗净切片，用蛋液、淀粉打成的糊中拌匀；木耳洗净撕小块；葱切花；蒜切片。

② 起油锅放羊肝炒至收缩变色时，捞出。

③ 另起油锅放木耳、葱花、蒜片、酱油、料酒、精盐、醋煸炒匀，放入鲜汤至汁开后，放入羊肝颠翻片刻即可。

{制作要点} 羊肝不宜与富含维生素C的蔬菜同食。

苦瓜猪肉

健康提示 | 此菜适宜肝虚目暗的人食用。

{材 料} 猪肉250克，苦瓜50克，大葱、姜、酱油、白糖、精盐、鸡精、植物油各适量。

{做 法}

① 猪肉洗净，切片；苦瓜切片；葱切段；姜切丝。

② 起油锅放入肉片煸炒断生。

③ 加入葱段、姜丝、酱油、白糖、精盐、鸡精炒匀，放入苦瓜快速煸炒至熟，再将肉片倒入同炒片刻即可。

{制作要点} 苦瓜不宜久烹。

孜然羊肉

健康提示 | 羊肉对一般风寒咳嗽症状有疗效。

{材 料} 羊肉200克，孜然粒、孜然粉各5克，蛋清、植物油、酱油、糖、盐、料酒各适量。

{做 法}

① 羊肉切片，然后加入蛋清、料酒抓匀腌制。

② 烧锅放入植物油，放入羊肉片炒至肉片变色后盛出。

③ 加热锅中的油，放入羊肉片，淋入酱油、孜然粒、盐、糖拌匀后炒出香味，出锅前撒上孜然粉拌匀即可。

{制作要点} 孜然可去羊肉的膻气。

滑炒香菇肉片　健康提示 | 猪肉多食易引起胃肠饱胀。

{材　料} 猪里脊肉200克，香菇100克，蛋清、植物油、精盐、料酒、葱段、芝麻油、水淀粉各适量。

{做　法}
① 香菇洗净，切片；猪里脊肉切薄片，用精盐、蛋清抓匀后用水淀粉上浆。
② 烧锅放油放入肉片滑散沥油待用。
③ 再热原锅底油，放入葱段稍煸，放入香菇、精盐和肉片，翻炒片刻加入料酒、葱段勾芡，淋芝麻油出锅装盘即可。

{制作要点} 猪里脊肉上浆要均匀。

肉香花生仁　健康提示 | 花生仁具有醒脾和胃的功效。

{材　料} 猪肉100克，花生仁50克，植物油、料酒、白糖、红干椒、鸡粉、酱油、葱、香菜各适量。

{做　法}
① 猪肉剁碎成肉末；花生仁洗净沥干水分；红干椒洗净泡软；葱切丁；香菜拣洗干净，切段。
② 烧锅放油放葱、红干椒炝锅，放入猪肉末煸炒至变色，烹料酒，加入白糖、鸡粉、酱油炒至浓稠，出锅。
③ 用炒好的肉酱拌匀花生仁，加入香菜段，即可食用。

{制作要点} 预先将花生仁用冷水泡软。

肉丝炒金针菇　健康提示 | 此菜可补中益气。

{材　料} 猪脊肉200克，金针菇300克，植物油、香油、酱油、葱段、姜丝、精盐各适量。

{做　法}
① 猪脊肉切丝；金针菇洗净，切段。
② 烧锅放油放入肉丝煸炒至变色，放入葱段、姜丝爆香，烹酱油，再放入金针菇。
③ 翻炒片刻，加精盐调味，淋上香油即可。

{制作要点} 金针菇炒食前可先用沸水焯一放。

芥蓝牛肉　健康提示｜牛肉能提高机体抗病能力。

{材 料} 芥蓝200克，牛肉100克，鸡蛋2个，鸡汤、盐、香油、植物油、姜末、水淀粉各适量。

{做 法}

❶ 芥蓝洗净，切段，用开水烫过后立即用冷水过凉；牛肉洗净切丝；蛋清留用。

❷ 牛肉、蛋清和水淀粉一起拌匀，放入油锅稍炒捞出。

❸ 原锅烧热放入芥蓝和盐、香油、姜末、鸡汤炒匀，再放入牛肉翻炒至熟，即可。

{制作要点} 切牛肉必须横着纤维纹路切。

香炒猪肝　健康提示｜此菜有滋肝明目之效。

{材 料} 猪肝500克，鸡蛋2个，植物油、白糖、料酒、盐、胡椒粉、生抽、醋、水淀粉、葱头、蒜蓉、姜、葱各适量。

{做 法}

❶ 猪肝洗净，切片；葱头切碎；姜切丝。

❷ 猪肝用料酒、盐、胡椒粉、蛋液、淀粉拌匀；料酒、盐、白糖、醋、生抽、胡椒粉兑成汁。

❸ 烧锅放油放入腌好的猪肝，炒至将熟时放入姜末、蒜蓉、葱花略炒，然后放入芡汁，翻炒匀即可。

{制作要点} 猪肝先腌若干分钟可去腥味。

油麦猪肝　健康提示｜此菜适宜各种体质的人食用。

{材 料} 油麦菜300克，猪肝150克，植物油、淀粉、葱花、精盐各适量。

{做 法}

❶ 油麦菜洗净沥干，猪肝切片，用淀粉加水调稀后上浆。

❷ 油麦菜放入沸水中焯一放。

❸ 起油锅放入猪肝炒熟，放入剩余芡汁快速翻炒，加入油麦菜炒匀，加盐调味，撒上葱花即可。

{制作要点} 烹调时间不需过长，牛肉和油麦菜都容易炒熟。

制作要点

用冷水浸泡苦瓜可减少苦瓜中独特的苦味。

苦瓜炒猪大肠

{材 料}

苦瓜1根，猪大肠1条，红尖椒1个，植物油、酱油、料酒、白糖、蒜各适量。

科学配餐：黄瓜肉丁 （P168）

科学配餐：海蜇丝炒西芹 （P215）

{做 法}

❶ 苦瓜洗净，去瓤和籽切条状。

❷ 大肠洗净，煮烂再取出，切短段；红尖椒切片。

猪大肠有润肠、止小便数的作用，适宜大肠病变，如痔疮、便血、脱肛者食用。

健康贴士

❸ 起油锅先炒蒜末，再放大肠翻炒，接着放苦瓜和调味料，小火炒至入味，放入红尖椒，炒至浓稠即可。

煸炒猪肝

健康提示 | 黑豆有乌发、延年益寿的功能。

{材料}猪肝200克，黑豆50克，鸡蛋1个，胡萝卜、黄瓜各半条，植物油、淀粉、蒜末、盐、香油、酱油各适量。

{做法}

① 猪肝洗净切片，用蛋液、淀粉拌匀；黑豆提前浸泡；胡萝卜、黄瓜洗净切片；酱油、盐、蒜末调成汁。

② 烧锅放清水先把黑豆煮熟，捞出沥干。

③ 烧锅放油放入黑豆和猪肝煸炒片刻，再放入胡萝卜片、黄瓜片，烹入汁炒匀，淋上香油即可。

{制作要点}黑豆要提前一晚浸泡。

蒜香猪血

健康提示 | 此菜添加适量辣椒有降低血脂的作用。

{材料}猪血400克，植物油、红干椒、葱花、蒜末、盐各适量。

{做法}

① 猪血洗净切块；红干椒剁碎。

② 起油锅，爆香蒜末、红干椒入锅炒香。

③ 放入猪血，放少许盐，炒至变色后撒上葱花即可。

{制作要点}放入猪血后，要轻轻翻炒，以免弄碎。

冬瓜烧肉

健康提示 | 冬瓜适合糖尿病患者食用。

{材料}冬瓜250克，瘦猪肉100克，葱花、姜末、水淀粉、植物油、精盐、鸡精各适量。

{做法}

① 冬瓜去皮去瓤，洗净切片，瘦猪肉洗净，切片。

② 起油锅，放入葱花、姜末，炒出香味，放入猪肉片翻炒片刻，再加冬瓜片翻炒均匀。

③ 倒入适量清水，烧至肉片和冬瓜片熟透，用精盐和鸡精调味，加水淀粉勾芡即可。

{制作要点}加淀粉时注意不要粘锅。

牛肉炒莲藕

健康提示 | 此菜有保护心血管的作用。

{材 料} 莲藕400克，牛肉100克，葱花、蒜末、盐、植物油各适量。

{做 法}

① 莲藕去皮洗净，切片；牛肉切片。
② 起油锅放入蒜末炝锅，再放入肉片炒熟，盛出。
③ 原锅烧热放入莲藕大火快速炒熟，肉片回锅炒匀，放盐调味，撒上葱花即可。

{制作要点} 藕节是一味止血良药，根据情况留用或不留。

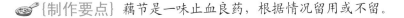

山药炒猪腰

健康提示 | 猪腰有补肾气、通膀胱的功效。

{材 料} 山药50克，猪腰1只，葱花、姜丝、精盐、料酒、酱油、淀粉、植物油各适量。

{做 法}

① 猪腰一切两半，除去白色膜，洗净，切成小块，用淀粉、水、酱油、精盐、料酒稍腌上浆。
② 山药洗净，去皮切片。
③ 烧锅放油加葱花、姜丝煸香，加入猪腰、山药炒熟即成。

{制作要点} 猪腰用烧酒拌和，水漂洗后再用开水烫可去膻腥味。

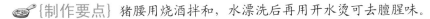

番茄牛肉

健康提示 | 番茄有调节血糖的作用。

{材 料} 番茄2个，牛肉50克，葱花、姜末、精盐、料酒、酱油、花椒粉、鸡精、植物油各适量。

{做 法}

① 番茄洗净，切块。
② 牛肉洗净，切块，加料酒和酱油抓匀，腌制20分钟。
③ 起油锅放葱花、姜末、花椒粉炒香，放入牛肉翻炒均匀，加入适量清水，炒至牛肉九成熟时，放入番茄炒熟，用精盐和鸡精调味即可。

{制作要点} 挑选番茄时，蒂的部位圆润的为佳。

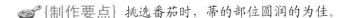

香炒木耳花肉片　健康提示｜胃病者宜食此菜。

{材料} 黑木耳、香菇各30克，五花肉200克，榨菜1/2包，红枣、淀粉、生抽、精盐、蚝油、姜片、葱花各适量。

{做法}
1. 五花肉切薄片，黑木耳、香菇浸透后各切片，红枣切丝。
2. 将以上原料及榨菜一起放入碗中，加入精盐、生抽、姜片、蚝油及干生粉拌匀。
3. 起油锅爆炒10分钟，撒上葱花即可。

{制作要点} 黑木耳不易入味，所以加调料后需腌一段时间再蒸。

酸香木耳炒肉　健康提示｜此菜有滋阴补肾之效。

{材料} 黑木耳300克，瘦肉300克，植物油、盐、醋、酱油各适量。

{做法}
1. 黑木耳泡发洗净，切条；瘦肉切条。
2. 起油锅爆炒肉丝后盛出。
3. 原锅烧热放入黑木耳炒熟，肉丝回锅，加盐、醋、酱油拌炒，起锅即可。

{制作要点} 选用优质木耳要看其的吸水膨胀性是否良好。

海带炖排骨　健康提示｜此菜有补气血之效。

{材料} 海带400克，排骨200克，姜、蒜、盐、花椒各适量。

{做法}
1. 海带泡发，洗净切块；排骨剁成段，焯水；姜、蒜切末。
2. 起油锅放姜、蒜、花椒爆香，放排骨入锅炒至半熟，放入海带。
3. 翻炒至熟，放盐调味即可。

{制作要点} 海带要用凉水泡发，泡发的水可用作烹调。

黑椒洋葱牛肉　健康提示｜洋葱适宜糖尿病患者食用。

🍅 [材 料] 牛肉200克，洋葱1个，黑胡椒、料酒、生抽、淀粉、姜末、植物油、精盐各适量。

🍲 [做 法]

① 牛肉切薄片后再切丝，用料酒、生抽、淀粉、姜末腌制20分钟；洋葱切丝；用料酒、生抽、精盐、黑胡椒、淀粉调成芡汁。
② 烧锅放油，用小火把洋葱煸炒变色，捞出。
③ 另起油锅，放牛肉丝快速翻炒，加入洋葱煸炒至软出汁，放入芡汁翻炒片刻即可。

🍳 [制作要点] 洋葱放冷水里浸一会，刀也浸湿，切时便不会流泪。

牛肉西兰花　健康提示｜此菜适宜久病体虚者食用。

🍅 [材 料] 西兰花300克，牛肉200克，植物油、蒜末、盐各适量。

🍲 [做 法]

① 西兰花洗净，切块；牛肉切片。
② 起油锅放入蒜末爆香，爆炒牛肉后盛出。
③ 原锅烧热放西兰花入锅炒熟，牛肉回锅，加盐翻炒，起锅即可。

🍳 [制作要点] 西兰花烹调前要先放淡盐水中浸泡。

生菜牛肉　健康提示｜此菜对中气放陷之症有食疗作用。

🍅 [材 料] 牛肉200克，生菜150克，嫩肉粉、精盐、胡椒粉各少许，植物油、料酒、酱油、白糖、芝麻油、水淀粉、葱、蒜各适量。

🍲 [做 法]

① 牛肉切片，用嫩肉粉、胡椒粉、精盐、料酒腌制10分钟；把生菜洗干净，大片撕开。
② 把蒜切片、葱斜切，放入锅内爆香，加入腌制好的牛肉，炒熟。
③ 把生菜用水汆烫，然后再与炒过的牛肉混炒片刻，即可盛出。

🍳 [制作要点] 想要生菜更脆口，可不事先用水汆。

五花肉菠菜　　健康提示｜蒜不可多食，多食则伤肝损眼。

{材料} 五花肉250克，菠菜100克，香菇30克，沙丁鱼10克，大蒜、香油、料酒、盐、淀粉、植物油各适量。

{做法}

① 菠菜洗净切段；香菇去蒂切末；胡萝卜、五花肉、大蒜均切细末。

② 烧锅放油放香菇、沙丁鱼炒出香味，放入肉末、蒜末翻炒，接着加入菠菜。

③ 最后用适量的水、盐、淀粉和料酒勾芡，汁沸后淋香油即可。

{制作要点} 五花肉的肥肉遇热容易化，瘦肉久煮也不柴。

胡萝卜烧羊肉　　健康提示｜适合肝病患者食用。

{材料} 羊肉500克，胡萝卜400克，葱花、花椒、桂皮、八角、料酒、姜片、酱油、鲜汤、白糖、精盐、植物油各适量。

{做法}

① 将羊肉洗净，加葱花、姜片、清水略煮一下，去除血污和腥膻味，捞出放入清水中洗净，然后剁块；胡萝卜洗净，切块。

② 起油锅，放羊肉翻炒一下，加入所有调味料，先用旺火烧沸，再改用小火炒至五成熟，放入萝卜炒至酥烂。

③ 取出桂皮、八角、葱花、姜片、花椒，改用旺火收汁，起锅即可。

{制作要点} 喜欢羊膻者可不祛膻味。

莴笋炒牛肉　　健康提示｜此菜适于风湿疼痛者食用。

{材料} 牛肉300克，莴笋100克，木瓜30克，姜、葱、鸡油、盐、鸡精、胡椒粉各适量。

{做法}

① 木瓜洗净切片；牛肉洗净切片；姜切片；葱切段；莴笋洗净切片。

② 起油锅放姜、葱炝锅，放入牛肉炒至七成熟，再放入木瓜、莴笋一起煸炒至熟。

③ 起锅前，放入盐、鸡精、胡椒粉调味即可。

{制作要点} 烹调时放一个山楂，牛肉更易烂。

西葫芦炒虾皮　　健康提示 | 此菜适宜糖尿病者食用。

🍅{材 料} 西葫芦1个，虾皮50克，枸杞30克，植物油、淀粉、盐、鸡精各适量。

🍲{做 法}

1 枸杞洗净，浸泡；西葫芦去皮，切片；虾皮浸泡。

2 烧锅起油放入西葫芦翻炒。

3 放入虾皮继续翻炒，加盐、枸杞炒至熟，最后加入水淀粉勾芡，至汁浓稠加鸡精、盐起锅。

🥄{制作要点} 虾皮可先用清水冲洗，然后放入温水中浸泡至软。

椒香瘦肉丝　　健康提示 | 青椒有温中散寒的功效。

🍅{材 料} 青柿子椒1个，猪瘦肉350克，蒜苗50克，嫩姜、植物油、淀粉、甜酱、料酒、鲜汤、精盐、酱油各适量。

🍲{做 法}

1 猪瘦肉切丝，用淀粉、精盐、料酒拌匀；青柿子椒切丝；姜切丝；蒜苗切段，用酱油、淀粉、料酒、鲜汤勾成芡汁。

2 起油锅放青柿子椒炒至断生起锅。

3 原锅烧热放肉丝炒散，加甜酱炒香，放入青柿子椒、姜丝、蒜苗合炒，烹入芡汁即可。

🥄{制作要点} 口味的咸淡可依据芡汁的调配来控制。

西葫芦炒肉片　　健康提示 | 此菜适宜糖尿病患者吸收。

🍅{材 料} 西葫芦1个，猪肉100克，鸡蛋清、盐、料酒、酱油、葱段、姜片、水淀粉、香油、植物油、清汤各适量。

🍲{做 法}

1 西葫芦去皮和瓤，切片；猪肉切片，用盐、蛋清、水淀粉拌匀。

2 起油锅放西葫芦稍炸，捞出沥油；然后放入肉片滑散，捞出沥油。

3 原锅热油放入葱、姜，放入肉片，烹料酒、酱油稍炒，再加清汤及西葫芦翻炒，加盐拌匀，水淀粉勾芡，淋入香油即可。

🥄{制作要点} 西葫芦本身有水，炒时可不加水。

豆芽炒兔肉丝
健康提示 | 此菜适宜高血压者食用。

{材 料} 绿豆芽250克，兔肉100克，植物油、料酒、姜、香油、盐、淀粉各适量。

{做 法}

① 兔肉洗净，切丝，并用精盐、料酒、淀粉腌制。

② 姜洗净，刮皮，切丝；绿豆芽剪去头尾，洗净。

③ 起油锅放入兔肉丝炒至刚熟取出，再热锅放入姜丝、绿豆芽、盐炒至七成熟，加入兔肉丝同炒片刻，放入香油即可。

{制作要点} 用盐、料酒、淀粉等腌制兔肉能使兔肉更加滑嫩。

土豆瘦肉炒西芹
健康提示 | 西芹有降血糖功效。

{材 料} 土豆2个，猪肉500克，西芹150克，酱油、盐、葱丝、姜丝、蒜片、猪油、盐、胡椒粉各适量。

{做 法}

① 土豆削皮，切条；猪肉切丝；西芹切菱形状。

② 起油锅用葱丝、姜丝、蒜片炝锅。

③ 放土豆、猪肉、西芹炒熟，再放酱油、盐调味即可。

{制作要点} 炒这道菜时可依次放西芹、猪肉、土豆。

洋葱炒牛肉
健康提示 | 洋葱有降血脂之效。

{材 料} 牛肉500克，洋葱1个，葱、植物油、蚝油、鲜汤、白砂糖、淀粉、精盐、酱油、料酒各适量。

{做 法}

① 牛肉切薄片，牛肉片用料酒、精盐、淀粉和植物油拌匀，腌制20分钟；洋葱洗净切块；葱洗净，切粒。

② 起油锅放入牛肉滑开，再放入洋葱煸炒片刻，捞出控油。

③ 再热锅放入葱粒和蚝油煸炒片刻，加酱油、料酒、白砂糖、鲜汤烧沸，放入牛肉和洋葱炒匀，用淀粉勾芡即可。

{制作要点} 洋葱不宜炒太久。

炒兔丝 健康提示 | 此菜对头晕心悸、气短自汗有疗效。

🥘{材　料} 兔肉200克，胡萝卜50克，海带150克，水淀粉、葱、精盐、姜、料酒、胡椒粉、肉汤、植物油各适量。

🍲{做　法}
① 兔肉切片，再顺纹切丝；胡萝卜、海带分别洗净切丝；生姜洗净切丝；葱切段。
② 起油锅把葱段、姜丝入锅煸炒片刻，放入胡萝卜、海带煸炒。
③ 兔肉入锅，放料酒、精盐、肉汤，最后用水淀粉勾芡，撒上胡椒粉即可。

🍳{制作要点} 炒兔肉时，可加些高汤，但出锅时要保证菜干且香。

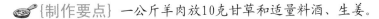

胡萝卜炒羊肉 健康提示 | 此菜适宜肝病患者。

🥘{材　料} 羊肉250克，胡萝卜1根，葱、花椒、桂皮、八角、料酒、姜片、酱油、鲜汤、白糖、精盐、植物油各适量。

🍲{做　法}
① 羊肉洗净，用葱、姜略煮一放，去除血污和腥膻味，捞出切块；胡萝卜切块。
② 起油锅放羊肉翻炒，放入所有调料品煮沸，再用小火慢炒至五成熟，放入萝卜炒至熟。
③ 取出桂皮、八角、葱、姜、花椒，收汁即可。

🍳{制作要点} 一公斤羊肉放10克甘草和适量料酒、生姜。

茄子炒牛肉 健康提示 | 牛肉可以补脾胃、益气血。

🥘{材　料} 茄子1根，牛肉60克，姜、大蒜、盐、植物油、淀粉各适量。

🍲{做　法}
① 茄子洗净，切条，清水浸渍1小时；牛肉洗净，切片，用盐、淀粉抓匀；大蒜去衣捣烂；姜洗净切丝。
② 起油锅放入大蒜、姜丝爆香，再加入茄子炒熟铲起。
③ 另起油锅放入牛肉炒熟，放入茄子炒匀，用盐调味即可。

🍳{制作要点} 牛肉易受氧化而变黑变质，要注意保存。

制作要点

加适量葡萄酒温
煮，口味更佳。

冬笋炒猪舌

{材料}

猪舌1条，冬笋50克，香菇30克，蒜苗50克，植物油、冰糖、料酒、葱、香油、姜、盐各适量。

{做法}

① 猪舌用水烫后将粗皮刮去，洗净切片；香菇、姜切片；葱切段；冬笋去壳切梳背形；蒜苗切段。

② 起油锅放入冰糖炒出糖色，加料酒、香菇、盐、葱、姜和猪舌、冬笋、香菇翻炒。

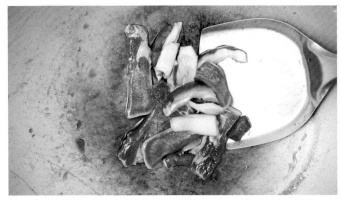

③ 再用中火炒至收浓汁即可。

科学配餐：鸡腿菇炒莴笋 （P37）

科学配餐：黑椒洋葱牛肉 （P149）

猪舌含有丰富的蛋白质、维生素A、铁等营养元素，有滋阴润燥的功效，一般人群都可食用。

健康贴士

尖椒牛柳

健康提示 | 辣椒能温中健胃、散寒燥湿。

{材 料} 牛里脊肉400克，青尖椒200克，植物油、酱油、淀粉、香油、鸡精、虾酱各适量。

{做 法}

① 牛里脊切条，加入酱油、淀粉上浆；尖椒洗净，切片。

② 烧锅放油放牛柳滑熟捞出。

③ 原锅烧热加牛柳、尖椒翻炒至熟，加鸡精、虾酱、香油调味装盘。

{制作要点} 用盐、料酒、淀粉等腌制牛肉能使肉质更加滑嫩。

孜然牛肉

健康提示 | 牛肉可抗癌止痛、提高机体免疫功能。

{材 料} 牛肉500克，葱、姜、芝麻、高汤、孜然、花椒、植物油、香油、辣椒油、料酒、五香粉、盐各适量。

{做 法}

① 葱、姜洗净，切末；牛肉洗净去筋，漂净血水切片，用盐、料酒、姜、葱腌制15分钟。

② 起油锅放入牛肉片，炸至酥香捞出。

③ 原锅烧热放花椒炒出香味，放入牛肉炒匀，加高汤、料酒、五香粉炒至汁浓，放孜然炒香，再放辣椒油、香油炒匀，撒芝麻即可。

{制作要点} 烹调时加少许雪里蕻，肉味鲜美。

青豆炒兔丁

健康提示 | 吃兔肉既能增强体质。

{材 料} 兔肉250克，青豆100克，香菇30克，植物油、生姜、淀粉、白酒、精盐、酱油各适量。

{做 法}

① 青豆去壳，豆粒洗净；香菇去蒂浸软，洗净切粒。

② 兔肉洗净，切丁；生姜刮皮，洗净切碎。

③ 起油锅放入兔肉炒至刚熟取出，再放入青豆粒、精盐炒至熟，加入兔肉丁、香菇、生姜、白酒和酱油炒片刻，加入淀粉勾芡即可。

{制作要点} 每年深秋至冬末间的兔肉味道更佳。

马蹄炒猪肝　健康提示 | 此菜适宜咽喉肿痛者。

{材　料} 猪肝200克，马蹄100克，料酒、姜片、盐、水淀粉、白糖、植物油各适量。

{做　法}
① 猪肝洗净，切薄片，用淀粉、水、盐拌匀挂浆。
② 马蹄洗净，去皮，切薄片。
③ 起油锅爆香姜片，放入猪肝、马蹄、盐、白糖、料酒翻炒至熟，装盘即可。

{制作要点} 猪肝易熟，可待马蹄炒熟后入锅。

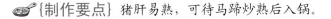

芹菜炒牛肉　健康提示 | 此菜有调气血的作用。

{材　料} 芹菜200克，牛肉200克，红尖椒1个，姜、蒜、植物油、盐、生抽、花椒各适量。

{做　法}
① 芹菜洗净切段；牛肉切片；红尖椒切丝；姜、蒜切片。
② 起油锅放入姜、蒜爆香后捞出，放入牛肉爆炒起锅。
③ 另起油锅放入红尖椒、花椒、芹菜翻炒，加盐、生抽、牛肉回锅一同翻炒至熟，即可。

{制作要点} 芹菜食用时除烂、黄叶摘掉外，应茎叶同食。

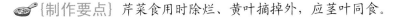

洋葱猪心　健康提示 | 此菜适宜心血管不好者食用。

{材　料} 洋葱300克，猪心300克，葱花、盐、酱油、植物油各适量。

{做　法}
① 洋葱洗净切丝，猪心清理干净切片。
② 起油锅，爆炒猪心，加酱油炒熟后盛起。
③ 锅内放油，洋葱入锅炒软后，猪心回锅，加盐翻炒，撒上葱花即可起锅。

{制作要点} 猪心要从中切开，里外都清理干净。

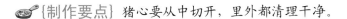

胡萝卜炒肉

健康提示 | 胡萝卜作用于脾、胃、肝、肺。

{材 料} 胡萝卜1根，瘦肉250克，红干椒10克，姜、大蒜、植物油、盐、生抽各适量。

{做 法}

1. 胡萝卜洗净切片；瘦肉切片；干辣椒切段；姜、蒜切片。
2. 起油锅爆香姜、大蒜、红干椒后捞起，肉片入锅爆炒，盛出。
3. 原锅烧热放入胡萝卜炒熟，肉片回锅，加盐、生抽翻炒片刻，起锅即可。

{制作要点} 胡萝卜切片不能太薄，以免炒出来太软烂。

香菇炒排骨

健康提示 | 此菜有利于养肝养血。

{材 料} 香菇200克，排骨300克，姜、蒜、植物油、生抽、盐、花椒、料酒各适量。

{做 法}

1. 香菇泡发，切块；排骨斩件，余去血水；姜蒜切片。
2. 起油锅爆香姜蒜，排骨入锅并加少量水，翻炒干水汽。
3. 加生抽、盐、花椒、料酒适量翻炒，放入香菇，炒熟即可。

{制作要点} 食用香菇前必须泡浸清洗。

香菇冬笋

健康提示 | 冬笋能够很好地清楚胃热、肺气。

{材 料} 香菇300克，冬笋300克，蒜、植物油、盐各适量。

{做 法}

1. 香菇泡发后洗净，撕小块；冬笋切片；蒜切片。
2. 起油锅爆香蒜片，放入冬笋翻炒。
3. 香菇入锅加盐同炒至熟，起锅即可。

{制作要点} 浸泡香菇不宜用冷水。

爆肝木耳

健康提示 | 此菜有调节神情意志功效。

🍅 {材 料} 黑木耳200克，猪肝300克，青尖椒1个，姜、蒜、淀粉、植物油、盐各适量。

🍳 {做 法}

① 黑木耳泡发后切丝；猪肝洗净切片，用淀粉拌匀；青尖椒、姜、蒜切丝。

② 起油锅爆香姜蒜，猪肝放入锅爆炒后，加盐捞起。

③ 放入青尖椒，待炒软后放黑木耳加盐同炒，猪肝回锅炒片刻，起锅即可。

🍲 {制作要点} 猪肝需要用淀粉调和并大火迅速爆炒肉质才嫩。

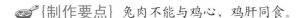

红烧兔肉

健康提示 | 兔肉能解肝毒、健脾胃、润肠道。

🍅 {材 料} 兔肉500克，姜蒜10克，桂皮、八角各5克，植物油、盐、料酒、糖、生抽、胡椒粉各适量。

🍳 {做 法}

① 兔肉洗净，切块，飞水，再冲洗；姜、蒜切片。

② 起油锅爆香姜、蒜，兔肉入锅炒干水汽捞起。

③ 原锅烧热放入桂皮、八角、料酒、糖、生抽、胡椒粉、盐放入锅炒出味，放兔肉，加水小火炒至熟，即可起锅。

🍲 {制作要点} 兔肉不能与鸡心、鸡肝同食。

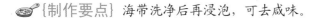

海带炒牛肉

健康提示 | 此菜能有效调节体内平衡。

🍅 {材 料} 牛肉400克，海带200克，蒜、葱、盐各适量。

🍳 {做 法}

① 牛肉洗净，切片；海带泡发切段；蒜拍碎。

② 牛肉放沸水中煮熟捞起。

③ 起油锅放入海带、蒜、盐中火炒熟，放入牛肉一起炒至熟，起锅撒上葱花即可。

🍲 {制作要点} 海带洗净后再浸泡，可去咸味。

猪血炒肉
健康提示 | 此菜有助于抗心血管疾病。

{材 料} 猪血200克，瘦肉150克，淀粉、盐、植物油、葱花、蒜末各适量。

{做 法}
① 猪血洗净切块汆水，瘦肉切片，淀粉加盐和适量清水拌匀。
② 起油锅，放入蒜末炝锅，放入肉片炒熟，然后放入猪血一起轻炒。
③ 把淀粉汁慢慢倒入锅中煮沸，炒熟收汁即可，装盘时撒上葱花。

{制作要点} 猪血汆水的目的是为了去掉部分水分。

木耳猪肝
健康提示 | 猪肝与黑木耳搭配可调养人体气血。

{材 料} 黑木耳300克，猪肝300克，植物油、淀粉、葱花、姜丝、蒜末、盐各适量。

{做 法}
① 黑木耳泡发洗净切丝；猪肝洗净切片，用淀粉调和。
② 起油锅爆香姜、蒜，猪肝入锅，加盐爆炒盛出。
③ 另起油锅，放入黑木耳加盐同炒，猪肝回锅，翻炒匀后，撒上葱花，起锅即可。

{制作要点} 猪肝要彻底清洗干净才可炒食。

莲子猪心
健康提示 | 此菜可以增强心肌营养。

{材 料} 莲子200克，猪心200克，植物油、蒜末、精盐、胡椒粉各适量。

{做 法}
① 莲子洗净，放入锅中煮熟；猪心洗净切片。
② 起油锅，爆香蒜末，猪心入锅炒熟。
③ 莲子放入锅中同炒，加盐、胡椒粉调味即可。

{制作要点} 猪心买回后立即用面粉滚一下，再清洗可去异味。

马蹄炒猪肝　健康提示｜此菜适宜目赤者食用。

【材 料】猪肝200克，马蹄100克，料酒、葱段、姜片、盐、水淀粉、白糖、植物油各适量。

【做 法】
1. 猪肝洗净，切薄片，放碗内，加入水淀粉、水、盐拌匀挂浆。
2. 马蹄洗净，去皮，切薄片。
3. 炒锅加植物油，烧至六成热，加入姜片、葱段爆香，放入猪肝、马蹄、盐、白糖、料酒，翻炒至熟，起锅装盘即可。

【制作要点】猪肝易熟，可待马蹄炒熟后入锅，此菜口感才佳。

双椒猪心　健康提示｜猪心对心血管疾病有预防作用。

【材 料】猪心300克，青、红尖椒各1个，植物油、姜丝、盐各适量。

【做 法】
1. 猪心清理洗净，切片；青、红尖椒去蒂，洗净切丝。
2. 起油锅爆香姜丝，爆炒猪心，盛出。
3. 另起锅，青、红尖椒入锅炒熟，猪心回锅，加盐炒熟即可。

【制作要点】清理猪心时裹些面粉，放置1小时会更容易洗干净。

西式兔丁　健康提示｜兔肉食后极易被消化吸收。

【材 料】兔肉400克，洋葱1个，黄油50克，蒜末、精盐、胡椒粉各适量。

【做 法】
1. 兔肉洗净，切丁汆水；洋葱洗净切丝。
2. 黄油热化，蒜入锅炒香，放入洋葱炒出味。
3. 兔肉放锅，加精盐、胡椒粉翻炒至熟即可。

【制作要点】兔肉不可与鸡蛋同炒共食。

红椒兔肉　健康提示｜此菜能有效改善食欲不振。

{材　料} 兔肉500克，红尖椒200克，姜、蒜各50克，植物油、盐、胡椒粉、生抽各适量。

{做　法}

① 兔肉洗净切块，汆水；红尖椒切丝；姜、蒜切片。
② 起油锅爆香姜蒜，兔肉入锅炒干水汽。
③ 放入辣椒丝与兔肉同炒，加盐、花椒粉、生抽炒熟即可。

{制作要点} 兔肉入沸水锅烫一烫，捞出用温水洗净。

芹菜辣兔丁　健康提示｜此菜有养活心血的作用。

{材　料} 兔肉400克，芹菜200克，红干椒50克，植物油、姜丝、蒜末、盐各适量。

{做　法}

① 兔肉洗净，切丁汆水；芹菜洗净切丁；红干椒切段。
② 起油锅，姜、蒜、红干椒入锅炒香，兔丁入锅爆炒后盛出。
③ 净锅放油烧热，放入芹菜炒熟，兔丁回锅，加入盐翻炒均匀，起锅即可。

{制作要点} 杀兔后，去皮、足、内脏后即可。

辣椒牛肉　健康提示｜此菜养心者宜食。

{材　料} 牛肉400克，青、红尖椒各1个，植物油、姜丝、蒜末、淀粉、盐、花椒各适量。

{做　法}

① 牛肉洗净切丝，加淀粉拌匀；青、红尖椒洗净切丝。
② 起油锅爆香花椒、姜、蒜，放入牛肉爆炒后盛出。
③ 另起油锅，放入青、红尖椒炒软后，牛肉丝回锅，加盐翻炒即可。

{制作要点} 牛肉丝要求大火多油迅速爆炒，这样才爽滑、鲜嫩。

香干辣牛肉

健康提示 | 牛肉和辣椒搭配能增强体质。

{材 料} 牛肉400克，香干200克，红干椒30克，植物油、姜丝、蒜末、淀粉、盐、料酒、花椒、酱油各适量。

{做 法}

① 牛肉洗净，切片后拌上淀粉；香干切条；红干椒切段。

② 起油锅爆香姜、蒜和红干椒，牛肉入锅加盐、料酒、酱油、花椒爆炒后盛出。

③ 另起油锅，香干入锅，加盐炒熟，牛肉回锅同炒，起锅即可。

{制作要点} 爆炒牛肉一定要用大火，快速炒熟。

酸辣猪血

健康提示 | 猪血具有补血排毒的功效。

{材 料} 猪血400克，糟辣椒15克，蒜10克，植物油、醋、食盐各适量。

{做 法}

① 猪血洗净切块；蒜切片。

② 锅内放油烧热，蒜爆香，糟辣椒入锅炒香。

③ 放入猪血翻炒，炒变色加醋、盐，起锅即可。

{制作要点} 猪血不宜炒太久。

芹菜炒兔肉

健康提示 | 高血压、肥胖者宜食。

{材 料} 兔肉100克，芹菜100克，香菇30克，黑木耳30克，植物油、姜、葱、酱油、盐、白砂糖、米酒各适量。

{做 法}

① 芹菜洗净切段；香菇浸发洗净；姜、葱洗净切末。

② 兔肉洗净，切块，用酱油、盐、白砂糖腌制；黑木耳浸发，去杂质，再用清水漂洗，并用少许盐、白砂糖、米酒、酱油拌匀。

③ 起油锅，放入姜、葱末爆香，放入兔肉，洒入米酒、清水少许，加香菇、黑木耳、芹菜焖煮至熟即可。

{制作要点} 焖炒时要用小火，至兔肉熟即可。

制作要点

猪肚可以灼熟后放锅里蒸，又嫩又好吃。

科学配餐：平菇炒木耳 （P43）

科学配餐：滑蛋鲜虾仁 （P224）

肚丝金针菇

{材 料}

金针菇200克，猪肚200克，蒜苗、植物油、精盐、料酒、鸡汤、胡椒粉、香油、姜块、葱段、水淀粉各适量。

{做 法}

❶ 猪肚洗净，放沸水锅中，加姜块、葱段煮至三成熟，捞出切粗丝；蒜苗洗净，切段；姜块切片。

❷ 起油锅放洗净的金针菇、肚丝煸炒，加入调料和蒜苗段炒匀。

❸ 水淀粉勾芡，淋香油起锅即可。

猪肚其实就是猪的胃，具有治虚劳赢弱、泄泻放痢、消渴、小儿疳积的功效。

健康贴士

165

猪血三鲜烩　健康提示 | 此菜对腹胀有疗效。

{材料} 猪血200克，金针菇100克，胡萝卜50克，青菜50克，植物油、姜、盐各适量。

{做法}

1. 猪血、胡萝卜洗净切片；青菜洗净；金针菇洗净撕开；姜切片。
2. 起油锅爆香姜片，放胡萝卜入锅煸炒至半熟，加金针菇同炒，加适量水煮沸。
3. 放入青菜、猪血及盐小火炒熟即可。

{制作要点} 猪血不要翻炒碎了。

牛来香　健康提示 | 此菜对养心有很大帮助。

{材料} 牛肉500克，淀粉20克，植物油、姜丝、蒜末、盐、茴香粉、卤粉、酱油、花椒、料酒各适量。

{做法}

1. 牛肉洗净切块，淀粉加水调稀。
2. 起油锅，爆香姜、蒜，放入牛肉，加适量清水,加盐、茴香粉、卤粉、酱油、花椒、料酒小火炒熟。
3. 倒入淀粉汁翻炒，收汁即可。

{制作要点} 水的分量与牛肉3:1，这样牛肉熟后的汤汁正好合适

猪心菠菜　健康提示 | 此菜能促进呼吸，使肺气和中。

{材料} 菠菜200克，猪心150克，植物油、蒜末、姜末、酱油、盐各适量。

{做法}

1. 菠菜洗净切段；猪心切片后放盐、酱油拌匀。
2. 菠菜在沸水中略焯，捞出后用凉开水过凉。
3. 起油锅放入蒜末、姜末炒香，再放入猪心炒熟，最后放入菠菜略炒即可。

{制作要点} 挑选菠菜以菜梗红短，叶子新鲜有弹性为佳。

鲜香炒肉片　健康提示｜大葱能补充人体所需的元素。

{材 料} 猪瘦肉300克，葱白50克，植物油、料酒、酱油、白糖、白醋、精盐、姜末、蒜片、淀粉各适量。

{做 法}
❶ 猪瘦肉切片，用精盐、料酒调味；葱白洗净，切段。
❷ 肉片放入油锅炸至金黄色，捞出沥油。
❸ 原锅烧热放入葱段、姜末、蒜片煸炒出香味，烹料酒、白醋，加入酱油、白糖和肉片翻炒至入味，勾芡即可。

{制作要点} 葱不可久煮，否则其挥发油会丧失，从而无葱香。

柿子椒炒猪肝　健康提示｜猪肝有明目补血的作用。

{材 料} 青柿子椒2个，猪肝250克，植物油、精盐、料酒、姜丝、蒜末、酱油、味精、淀粉各适量。

{做 法}
❶ 猪肝切片，用酱油、精盐、味精、料酒、淀粉拌匀腌制；青柿子椒切块。
❷ 起油锅放姜丝、蒜末、青柿子椒煸炒片刻后盛出，猪肝放入锅煸炒。
❸ 青柿子椒回锅煸炒拌匀即可。

{制作要点} 猪肝要洗净，可先入沸水氽去血水。

黄花菜炒牛肉　健康提示｜黄花菜有平肝利尿的功效。

{材 料} 黄花菜50克，牛肉500克，葱、姜、蒜、植物油、盐各适量。

{做 法}
❶ 黄花菜洗净用温水泡软；牛肉切片；葱切花；姜、大蒜切末。
❷ 起油锅放入姜、蒜末炒出香味，放入牛肉煸炒熟。
❸ 加入黄花菜炒熟，加盐调味，撒葱花即可。

{制作要点} 煸炒牛肉时可加少许水焖煮，肉质更佳。

芦笋炒肉

健康提示｜芦笋能增进食欲、帮助消化。

{材 料} 芦笋200克，猪肉150克，鸡蛋1个，植物油、盐各适量。

{做 法}
① 芦笋洗净，切段；猪肉洗净，切片；鸡蛋打入碗中备用。
② 烧锅放入油，放入肉片炒至八分熟，加入芦笋煸炒至熟。
③ 加入适量盐调味即可。

{制作要点} 对芦笋作烫煮处理，可去其中涩味。

黄瓜炒肉丁

健康提示｜此菜具有滋阴凉血的功效。

{材 料} 黄瓜1根，冬笋50克，猪里脊肉100克，鸡蛋半个，植物油、水淀粉、料酒、米醋、盐、葱花、蒜片各适量。

{做 法}
① 猪里脊肉洗净，切丁，用水淀粉和鸡蛋抓匀；冬笋去皮洗净，切丁；黄瓜洗净，切丁。
② 黄瓜丁与料酒、米醋、盐、葱花、蒜片、水淀粉一起调成芡汁。
③ 烧锅放入油，放入猪里脊肉丁翻炒片刻，再加入冬笋丁和黄瓜芡汁，炒匀后装盘即可。

{制作要点} 黄瓜最后才放入，可防止炒得过老影响口感。

白菜炒兔肉

健康提示｜兔肉是心血管病人的理想肉食。

{材 料} 兔肉500克，大白菜250克，植物油、盐、高汤、姜汁、料酒、八角、酱油各适量。

{做 法}
① 大白菜洗净，切段。
② 兔肉洗净切块，用八角、盐、料酒和高汤腌制。
③ 起油锅放兔肉翻炒至半熟，放入大白菜炒匀，放盐调味即可。

{制作要点} 烹调兔肉不宜加姜。

西芹山药炒牛肉 健康提示 | 有降低血糖的作用。

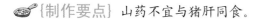{材 料} 牛肉500克，山药250克，西芹30克，植物油、葱段、姜片、料酒、盐、花椒、胡椒粉各适量。

{做 法}
① 牛肉洗净，切片，放入沸水锅中焯烫，捞出沥水；西芹切段。
② 山药削去外皮，洗净切片，放入沸水锅中焯烫，捞出沥水。
③ 起油锅放入葱段、姜片爆香，放牛肉、西芹翻炒，烹料酒炒至汁浓稠，放入山药、花椒炒至熟，加盐、胡椒粉调味即可。

{制作要点} 山药不宜与猪肝同食。

金针菇炒肉片 健康提示 | 此菜适宜内火燥热体质者。

{材 料} 金针菇250克，瘦肉200克，葱、蒜、植物油、盐各适量。

{做 法}
① 金针菇洗净沥干；瘦肉切片；葱切花；蒜切片。
② 起油锅爆炒肉片，盛出。
③ 原锅烧热放入蒜片爆香，放金针菇，加盐，肉片回锅一同翻炒至熟，撒上葱花起锅即可。

{制作要点} 金针菇不能大火炒，否则容易变味、变色。

猪肺炒胡萝卜 健康提示 | 此菜具有降气止咳的功效。

{材 料} 猪肺300克，胡萝卜1根，植物油、葱、姜、精盐、清汤各适量。

{做 法}
① 猪肺洗净切片；胡萝卜洗净切片；葱切花；姜切末。
② 猪肺放入沸水中略焯，捞出沥水。
③ 起油锅爆香姜，胡萝卜入锅煸炒，放猪肺、精盐一同翻炒，加清汤炒熟，撒葱花即可。

{制作要点} 猪肺要反复冲洗干净。

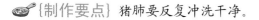

番茄炒猪肺

健康提示 | 此菜有补血气、益肺气的作用。

{材 料} 猪肺200克，番茄2个，植物油、葱、姜、蒜、盐、清汤各适量。

{做 法}

1. 猪肺洗净切片；番茄洗净切块；葱切花；姜、蒜切末。
2. 猪肺放入沸水中略焯，捞出沥水。
3. 起油锅爆香姜、蒜，猪肺入锅翻炒，放入番茄同炒至出汁，加清汤、盐炒熟，撒葱花即可。

{制作要点} 用白醋浸泡猪肺可辟腥、杀菌。

百合炒肉片

健康提示 | 此菜有暖脾胃、行滞气的效果。

{材 料} 百合50克，猪肉200克，植物油、葱、姜、精盐、酱油各适量。

{做 法}

1. 百合瓣片洗净；猪肉洗净切片；葱、姜切末。
2. 起油锅爆香姜，肉片放入锅翻炒，加精盐、酱油炒香。
3. 放入百合翻炒至熟，撒葱花即可。

{制作要点} 如果喜欢百合晶莹透亮，就不要放酱油。

猪肺炒菠菜

健康提示 | 此菜可补血、生精养元。

{材 料} 猪肺200克，菠菜80克，姜、蒜、植物油、盐各适量。

{做 法}

1. 猪肺洗净切片；菠菜洗净切段；姜、蒜切末。
2. 猪肺放入沸水煮熟，捞出沥水。
3. 起油锅爆香姜、蒜，猪肺、菠菜入锅炒香，加盐略炒即可。

{制作要点} 猪肺可放沸水中煮5分钟，将肺内脏物逼出。

猴头菌炒猪小肚　　健康提示 | 此菜可健胃消食。

{材 料} 猴头菌100克，熟猪小肚300克，植物油、葱、姜、胡椒粉、酱油、盐各适量。

{做 法}
1. 猴头菌泡发洗净切片；熟猪小肚洗净切片；葱切花；姜切末。
2. 起油锅爆香姜，放入猴头菌、熟猪小肚翻炒。
3. 加胡椒粉、酱油炒匀，加盐调味炒匀，撒葱花即可。

{制作要点} 猪肚用面粉搓洗干净后，用植物油揉洗用水冲干净。

双笋炒肉　　健康提示 | 此菜对头晕心悸等症有益。

{材 料} 芦笋200克，竹笋200克，瘦肉200克，植物油、姜丝、蒜末、盐各适量。

{做 法}
1. 芦笋、竹笋洗净切段；瘦肉切片。
2. 起油锅，爆香姜丝、蒜末，爆炒肉片。
3. 双笋入锅炒熟，加盐调味即可。

{制作要点} 为了保证双笋的颜色鲜亮，不能用大火爆炒。

排骨炒笋　　健康提示 | 此菜适宜虚咳、阴虚者食用。

{材 料} 冬笋300克，排骨200克，植物油、葱、姜、蒜、盐各适量。

{做 法}
1. 冬笋洗净切丝；排骨洗净斩件；姜、蒜切片；葱切花。
2. 起油锅，姜、蒜放入锅炒香，下排骨炒至半熟。
3. 放入冬笋同炒，收汁后加盐即可。

{制作要点} 排骨入锅前一定要入沸水中焯过血水。

牛肉炒丝瓜
健康提示 | 此菜可精心消燥以安神助眠。

{材 料} 丝瓜1根，牛肉200克，植物油、葱、嫩肉粉、蒜、盐、酱油各适量。

{做 法}
1. 丝瓜去皮洗净切条；牛肉洗净切片；葱、蒜切末。
2. 牛肉加适量盐、酱油、嫩肉粉、少许油拌匀。
3. 起油锅，牛肉放入锅熟盛出；原锅烧热爆香蒜，加丝瓜煸炒，放入牛肉同炒，加盐、葱花炒匀即可。

{制作要点} 小火炒牛肉，大火快炒丝瓜。

油麦菜炒牛肉
健康提示 | 此菜适宜久病气虚患者。

{材 料} 油麦菜300克，牛里脊肉200克，植物油、蒜、盐、料酒、水淀粉、酱油、胡椒粉各适量。

{做 法}
1. 油麦菜洗净切段；牛肉洗净切片，用料酒、水淀粉、酱油、盐，加少许油抓匀；蒜切末。
2. 起油锅，蒜末入锅爆香，将牛肉放入锅中爆炒至熟。
3. 放入油麦菜炒软，加盐、胡椒粉炒匀入味即可。

{制作要点} 牛肉加上淀粉和料酒腌制可以使牛肉的口感更佳。

蒜薹炒猪肝
健康提示 | 此菜有宽肠润肠的作用。

{材 料} 蒜薹300克，猪肝200克，植物油、姜、盐各适量。

{做 法}
1. 蒜薹去老梗洗净切段；猪肝洗净切片；姜切末。
2. 蒜薹、猪肝分别入沸水中略焯，捞出沥水。
3. 起油锅爆香姜末，放入蒜薹、猪肝翻炒至熟，加盐炒匀即可。

{制作要点} 猪肝略焯可除异味。

韭菜炒肉片

健康提示 | 此菜对产后血虚、燥咳有疗效。

🍅 {材料} 韭菜300克，猪肉200克，植物油、蒜、姜、盐、茴香粉、酱油各适量。

🍲 {做法}

① 韭菜洗净切段；猪肉洗净切片；蒜、姜切末。

② 肉丝用盐、酱油、茴香粉拌匀。

③ 起油锅用蒜、姜炝锅，再放肉片翻炒至熟，放入韭菜与肉片拌炒，最后加盐炒匀调味即可。

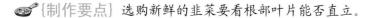

🥘 {制作要点} 选购新鲜的韭菜要看根部叶片能否直立。

牛肉豆腐

健康提示 | 此菜可清补大脑。

🍅 {材料} 牛肉400克，豆腐200克，红干椒20克，姜、蒜、淀粉、植物油、盐、料酒、花椒、生抽各适量。

🍲 {做法}

① 牛肉洗净后拌上淀粉；豆腐切块；红干椒、姜、蒜切丝。

② 起油锅爆香姜、蒜和红干椒，牛肉入锅，加盐、料酒、生抽、花椒爆炒后盛起。

③ 另起油锅烧热，豆腐入锅，加盐、生抽炒熟，牛肉回锅同炒拌匀，起锅即可。

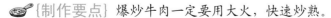

🥘 {制作要点} 爆炒牛肉一定要用大火，快速炒熟。

黄瓜兔肉

健康提示 | 此菜有利于神志恍惚的症状。

🍅 {材料} 兔肉400克，黄瓜1根，姜、蒜、植物油、精盐、胡椒粉各适量。

🍲 {做法}

① 兔肉剁块洗净后焯水；黄瓜洗净切条；姜、蒜拍碎。

② 起油锅放兔肉炒干水汽，加水、姜、蒜、盐、胡椒粉同炒。

③ 待炒至八成熟时，放入黄瓜，大火收汁，起锅即可。

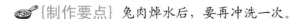

🥘 {制作要点} 兔肉焯水后，要再冲洗一次。

制作要点

注意炒时的火候，中火即可。

滑炒肉丝

{材 料}

猪里脊肉250克，鸡蛋2个，香菜10克，胡萝卜丝、植物油、水淀粉、鲜汤、料酒、盐、香油、葱段、姜丝各适量。

{做 法}

科学配餐：香菇炒菠菜（P20）

❶ 猪里脊肉切丝，用蛋清、水淀粉上浆后，放入热油中滑熟，捞出沥油。

❷ 姜、葱丝爆香，放入料酒翻炒。

科学配餐：豆腐炒泥鳅（P236）

猪肉具有补虚强身、滋阴润燥、丰肌泽肤的作用，凡病后体弱、产后血虚、面黄赢瘦者，皆可用作营养滋补品。

健康贴士

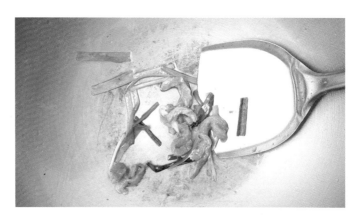

❸ 放入肉丝翻炒片刻，再用鲜汤和盐兑好的芡汁烹炒，再加入香菜、胡萝卜丝、香油拌匀即可。

雪里蕻炒肉丝

健康提示 | 此菜适宜眼睛红肿热痛者。

{材 料} 雪里蕻300克，猪肉100克，植物油、蒜、盐各适量。

{做 法}
1. 雪里蕻洗净切段，入沸水中焯烫；猪肉切丝；蒜切末。
2. 起油锅爆香蒜末，放入肉丝翻炒至八成熟。
3. 放入雪里蕻炒至熟，放盐调味即可。

{制作要点} 炒雪里蕻不盖锅盖，这样才能使雪里蕻的色泽翠绿。

枸杞炒猪肝

健康提示 | 此菜适宜失血过多者食用。

{材 料} 猪肝300克，枸杞75克，盐、鸡精、植物油各适量。

{做 法}
1. 将猪肝洗净，切片，放入沸水中焯一下，捞出沥水；枸杞洗净。
2. 起油锅，煸炒猪肝，待将熟时加入枸杞稍炒。
3. 加入盐、鸡精调味，装盘即可。

{制作要点} 枸杞易熟，可先泡，然后将泡的水和猪肝同炒。

油麦菜肉末

健康提示 | 此菜对肺虚咳嗽有食疗作用。

{材 料} 油麦菜500克，瘦肉100克，植物油、蒜、盐各适量。

{做 法}
1. 油麦菜洗净沥干切段；瘦肉剁末；蒜捣蓉。
2. 起油锅放入蒜炒香，爆炒肉末。
3. 油麦菜入锅同炒至熟，加盐调味，起锅即可。

{制作要点} 炒油麦菜应控制在1分钟之内，才能保证其脆嫩。

土豆牛肉
健康提示 | 此菜可改善健忘、失眠等症状。

{材 料} 牛肉400克，土豆2个，姜、蒜、八角、茴香、陈皮、香菜、植物油、盐、胡椒粉、生抽各适量。

{做 法}
1 牛肉洗净切块后焯水；土豆去皮切块；姜、蒜切片。
2 起油锅爆香姜、蒜、八角、陈皮、茴香、牛肉入锅爆炒，加入适量的水。
3 放入土豆，加盐、胡椒粉、生抽翻炒，收汁撒香菜即可。

{制作要点} 加陈皮的目的是为了使牛肉更快熟透。

豌豆牛肉
健康提示 | 此菜不宜多食，以免胀气。

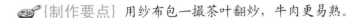

{材 料} 豌豆200克，牛肉400克，番茄酱20克，洋葱1个，植物油、盐、胡椒粉、各适量。

{做 法}
1 牛肉切块，放入沸水中焯去血水；洋葱洗净切碎。
2 起油锅爆炒洋葱，盛出。
3 放入番茄酱熬香，放入豌豆、牛肉、洋葱翻炒，加适量清水和盐、胡椒粉炒至熟即可。

{制作要点} 用纱布包一撮茶叶翻炒，牛肉更易熟。

土豆炒猪肝
健康提示 | 此菜适宜脑力消耗者。

{材 料} 小白菜300克，土豆2个，猪肝200克，蒜末、葱花、盐、酱油、植物油各适量。

{做 法}
1 小白菜洗净撕片；土豆削皮切片；猪肝切片。
2 起油锅爆香蒜末，放入猪肝快速翻炒，加适量水和酱油炒熟。
3 另起油锅，分别将土豆、小白菜炒熟，将猪肝回锅一起炒匀，加盐调味即可。

{制作要点} 浸泡时水要完全浸没猪肝。

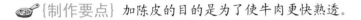
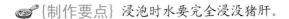

177

菜花炒肉

健康提示 | 适量食用有辣味的菜可开胃健脾。

{材 料} 菜花300克，猪瘦肉200克，葱、姜、蒜、红干椒、植物油、精盐、酱油、花椒各适量。

{做 法}

❶ 菜花洗净切小块；瘦肉切片；姜、蒜切丝；葱切花；红干椒切段。

❷ 起油锅爆炒肉片盛出，原锅烧热爆香姜、蒜、花椒爆香，加红干椒炸脆。

❸ 放入菜花，中火炒熟，肉片回锅，滴入酱油，加精盐调味，撒上葱花翻炒起锅。

{制作要点} 用食用菜花时要注意食物的搭配。

黄豆炒牛肉

健康提示 | 此菜适合各种体质的人食用。

{材 料} 黄豆100克，牛肉300克，淀粉、姜、蒜、植物油、甜面酱、盐、生抽各适量。

{做 法}

❶ 黄豆泡发，洗净后煮至五成熟；牛肉切块焯去血水；姜、蒜切片。

❷ 起油锅放入姜、蒜爆香，再放入适量甜面酱熬出味。

❸ 放入牛肉和黄豆翻炒，淀粉加水调和入锅，加盐、生抽炒至熟即可。

{制作要点} 熬甜面酱时，应用微火。

紫菜肉末

健康提示 | 此菜对肺胃的好处颇多。

{材 料} 紫菜100克，豆腐300克，猪瘦肉200克，蒜、植物油、盐各适量。

{做 法}

❶ 紫菜泡发，切碎；豆腐切块；瘦肉剁末；蒜捣蓉。

❷ 起油锅爆香蒜，将紫菜、肉末入锅炒干水气后捞起。

❸ 另起油锅放入豆腐稍炒，紫菜、肉末回锅，加盐翻炒，起锅即可。

{制作要点} 翻炒时不能太用力，以免豆腐散掉。

海带炒肉丝　健康提示 | 此菜对防治硅沉着病有疗效。

{材　料} 海带50克，猪肉300克，植物油、葱、姜、盐、酱油、花椒粉、淀粉各适量。

{做　法}

① 海带洗净泡发切段；猪肉洗净切丝；葱切花；姜切末。

② 肉丝加盐、花椒粉和淀粉充分拌匀；海带放入沸水中焯，捞出沥水。

③ 起油锅放入肉丝炸至变色，捞出；原锅烧热，爆香姜，放入海带翻炒，肉丝回锅，放酱油调味，撒葱花即可。

{制作要点} 炸肉丝时要用筷子将肉丝搅成一根一根的。

猴头菌炒肉片　健康提示 | 此菜对热病伤津有疗效。

{材　料} 猴头菌100克，猪瘦肉250克，植物油、葱、蒜、盐、酱油各适量。

{做　法}

① 猴头菌泡发洗净切片；瘦肉洗净切片；葱切花；蒜切片。

② 起油锅放入肉片翻炒，加蒜炒香，再加猴头菌、盐、酱油翻炒。

③ 炒至熟收汁，撒葱花即可。

{制作要点} 改用小火炒熟收汁可以使猴头菌和肉片更有味道。

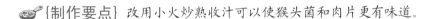

木耳炒猪肺　健康提示 | 此菜对慢性支气管炎有疗效。

{材　料} 猪肺300克，木耳100克，植物油、葱、姜、盐、水淀粉各适量。

{做　法}

① 猪肺洗净切片；木耳洗净撕片；葱切花；姜切末。

② 猪肺、木耳分别入沸水中略焯，捞出沥水。

③ 起油锅爆香姜，放入猪肺、木耳翻炒至熟，加盐，用水淀粉勾芡拌匀，撒葱花即可。

{制作要点} 变质猪肺为褐绿或灰白色，且有异味，不能食用。

179

香炒花肉片　健康提示 | 五花肉含有优质蛋白质。

{材 料} 五花肉200克，黑木耳、香菇各30克，榨菜20克，淀粉、植物油、生抽、盐、蚝油、姜片、葱花各适量。

{做 法}

1. 五花肉切薄片；木耳、香菇浸透后切片。
2. 以上原料和榨菜放入碗中，用盐、生抽、蚝油和淀粉拌匀。
3. 起油锅放入五花肉、黑木耳、香菇翻炒至熟，撒上葱花即可。

{制作要点} 猪肉斜切可使其炒熟后部破碎，吃起来不塞牙。

猪腰花炒双笋　健康提示 | 莴笋含有多种维生素。

{材 料} 猪腰1个，莴笋、竹笋各50克，植物油、蒜泥、精盐、蚝油、生抽各适量。

{做 法}

1. 猪腰去膜，剞花刀切片，用盐水焯好。
2. 莴笋、竹笋均切段，加入精盐烧锅。
3. 起油锅，放入猪腰、莴笋、竹笋翻炒，加入蚝油、生抽、蒜泥炒匀即可。

{制作要点} 猪腰浸泡时放入几颗花椒可去腥臭味。

五花肉炒黄豆　健康提示 | 黄豆对糖尿病有一定疗效。

{材 料} 五花猪肉500克，干菜200克，黄豆100克，青、红尖椒2个，料酒、白糖、精盐、生姜片、植物油各适量。

{做 法}

1. 青、红尖椒洗净，去籽切末；干菜洗净，切碎；黄豆洗净，浸泡。
2. 猪肉洗净，切块，用生姜片、清水大火烧沸后焯烫。
3. 起油锅放入青、红尖椒、干菜、黄豆翻炒，加入猪肉、白糖、料酒、精盐继续翻炒至黄豆酥烂即可。

{制作要点} 在炒黄豆时滴几滴料酒可去豆腥味。

山药炒肉

健康提示 | 此菜能增强人体体力。

{材 料} 山药300克，瘦肉300克，姜丝、蒜末、盐、酱油、葱花各适量。

{做 法}

① 山药去皮洗净切块；瘦肉切块。

② 山药与瘦肉用姜丝、蒜末、盐、酱油拌匀。

③ 起油锅放山药和瘦肉同炒至熟，撒葱花即可。

{制作要点} 山药不宜炒太久。

土豆炒猪蹄

健康提示 | 此菜具有舒经活络的功效。

{材 料} 土豆50克，猪蹄250克，植物油、料酒、姜、葱、盐、鸡精各适量。

{做 法}

① 土豆去皮洗净后切薄片；猪蹄去毛后斩件；姜切片；葱切段。

② 猪蹄入沸水锅内焯烫捞出。

③ 起油锅放姜片、葱段煸香，放入猪蹄、料酒翻炒至熟，加入土豆炒匀，放盐、鸡精调味即可。

{制作要点} 猪蹄可用火烧去毛。

土豆炒肉

健康提示 | 此菜能补充人体营养。

{材 料} 土豆2个，猪肉250克，植物油、酱油、精盐、料酒、白砂糖、大葱、姜各适量。

{做 法}

① 猪肉洗净，切块；葱切段；姜切丝；土豆去皮切滚刀状。

② 土豆放入油锅内炸至金黄色捞出沥油。

③ 另起油锅放入姜、葱爆香，放肉块、酱油、精盐、白砂糖、料酒翻炒，加土豆炒至汁浓稠即可。

{制作要点} 最后收汁时要用大火收汁，注意不要烧焦。

香芋五花肉　　健康提示｜香芋可吸收五花肉的油。

{材　料} 香芋150克，五花肉250克，青、红尖椒各1个、植物油、老抽、清汤、水淀粉、生姜、精盐、白砂糖各适量。

{做　法}

① 香芋去皮，切块；生姜切片；青、红尖椒切条；五花肉切块。

② 起油锅分别放入香芋和五花肉，炸至金黄捞出。

③ 另起油锅放入生姜片、青、红尖椒、香芋、五花肉，加清汤、白砂糖、精盐、老抽同炒至熟，用水淀粉勾芡即可。

{制作要点} 勾芡时要注意火候，防止粘锅。

芋头炒排骨　　健康提示｜此菜有益胃宽肠的作用。

{材　料} 芋头250克，猪排骨300克，椰子汁100毫升，植物油、料酒、酱油、精盐、干红椒、葱花、姜末各适量。

{做　法}

① 排骨洗净，剁块，放入沸水中去血水；芋头去皮洗净，切块。

② 芋头和排骨用酱油、料酒、精盐、干红椒、姜末和椰子汁搅拌均匀，腌制15分钟。

③ 起油锅放入芋头和排骨翻炒至熟，撒葱花即可。

{制作要点} 椰子汁要新鲜的。

香滑炒羊肉　　健康提示｜此菜有护肝健胃的效果。

{材　料} 羊里脊肉300克，鸡蛋1个，紫菜5克，草菇50克，葱、香菜、植物油、水淀粉、黄酱、酱油、糖、淀粉、盐、料酒各适量。

{做　法}

① 羊里脊肉洗净，切薄片，用鸡蛋清和淀粉拌匀；紫菜用温水泡软，洗净备用；草菇洗净，放沸水里焯；葱切丝；香菜去根洗净，切段。

② 起油锅放葱丝爆香，放入羊肉滑炒。再放入草菇、紫菜翻炒。

③ 加入料酒、盐调味，用水淀粉勾芡，撒上香菜即可。

{制作要点} 最后收汁勾芡时火候不能太大。

羊肉炒芹菜　健康提示｜此菜对脾胃虚弱者有辅助食疗。

🦪 {材 料} 羊肉250克，芹菜100克，蒜、姜、精盐、葱白、香油、料酒、酱油、蚝油、植物油各适量。

🍲 {做 法}

❶ 羊肉洗净，切块；芹菜切菱形；蒜、姜分别切末。

❷ 羊肉入沸水锅内焯烫。

❸ 起油锅放入蒜、姜炒香，再放入羊肉，烹料酒、酱油、蚝油推匀，加入葱白、芹菜炒熟炒匀，淋香油，加精盐调味即可。

🥄 {制作要点} 芹菜所含水分较少，所以要加少量的水，才能炒熟。

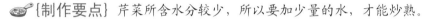

肉丁萝卜　健康提示｜此菜有开胃健脾的功效。

🦪 {材 料} 白萝卜1根，瘦肉200克，淀粉20克，植物油、酱油、蒜末、葱花、盐各适量。

🍲 {做 法}

❶ 白萝卜洗净切块；瘦肉切丁，加淀粉和水拌匀。

❷ 起油锅爆香蒜末，放入肉丁翻炒，加盐炒匀后盛出。

❸ 另起油锅放入萝卜、酱油、盐、适量水翻炒至熟，放入肉丁炒至收汁，撒葱花即可。

🥄 {制作要点} 调和肉末的味道不要太咸，翻炒时要快速。

茄子肉末　健康提示｜此菜适合养心者食用。

🦪 {材 料} 茄子1条，瘦肉100克，植物油、姜丝、蒜末、淀粉、盐、胡椒粉、酱油各适量。

🍲 {做 法}

❶ 茄子洗净，切长片；瘦肉剁成末，用蒜、姜、淀粉、盐、胡椒粉、酱油混合搅拌。

❷ 茄子摆好在碟中，上笼蒸熟。

❸ 起油锅放入肉末炒至熟，加盐调味，淋在茄子上即可。

🥄 {制作要点} 茄子稍微切厚一点，这样比较好呈现扣肉的样子。

制作要点

猪肚在烹制前,
一定要清洗干净。

柿子椒炒肚丝

{材 料}

猪肚250克，青柿子椒2个，植物油、淀粉、黑芝麻、酱油、香油、盐各适量。

{做 法}

科学配餐：香炒鱿鱼花 （P207）

科学配餐：鲜虾玉米 （P195）

❶ 青柿子椒去蒂和籽，切丝，放入盐腌制片刻；用酱油、淀粉、加水兑成芡汁。

❷ 猪肚用淀粉抓洗干净，切丝，与盐、酱油、淀粉搅拌均匀，腌制入味。

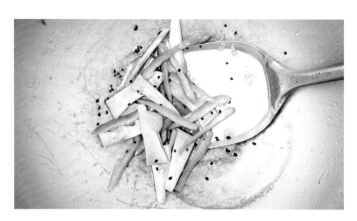

❸ 起油锅放入青柿子椒煸炒，再放入香油烧热放猪肚，煸炒片刻，放入芡汁，翻炒均匀，撒上芝麻即可。

柿子椒特有的味道和所含的辣椒素有刺激唾液和胃液分泌的作用，能增减食欲、帮助消化、促进肠蠕动、防止便秘。

健康贴士

莲藕炒排骨

健康提示 | 此菜有利于提高心肌功能。

{材料} 莲藕300克，排骨200克，植物油、姜丝、葱花、蒜末、盐、酱油、芝麻油各适量。

{做法}

1. 莲藕去皮洗净切块；排骨剁段。
2. 起油锅爆香姜、蒜，莲藕、排骨入锅翻炒。
3. 加盐、酱油翻炒匀，收汁淋芝麻油，撒上葱花即可。

{制作要点} 排骨可先用沸水焯去血水。

山药炒牛肉

健康提示 | 此菜对心力虚弱有食疗作用。

{材料} 山药200克，牛肉200克，植物油、姜末、蒜末、盐、黑胡椒粉、香粉各适量。

{做法}

1. 山药去皮洗净切片；牛肉切片。
2. 起油锅爆香姜、蒜，牛肉入锅炒干水汽后盛出。
3. 另起油锅放入山药大火炒熟，牛肉回锅，加少量清水、盐、黑胡椒粉、香粉炒熟收汁即可。

{制作要点} 炒牛肉时用大火快炒的方式炒熟，口感更好。

甘薯炒排骨

健康提示 | 此菜有利于组织动脉硬化发生。

{材料} 甘薯300克，排骨200克，植物油、盐、姜丝各适量。

{做法}

1. 甘薯去皮切块；排骨剁段，放入沸水中汆烫，去除血水。
2. 甘薯、排骨用盐、姜丝拌匀。
3. 起油锅放入排骨、甘薯翻炒至熟即可。

{制作要点} 排骨可先用沸水汆烫去血水。

鲜美水产篇

水产类包括各种海鱼、河鱼和其他各种水产动植物等，它们是蛋白质、无机盐和维生素的良好来源，尤其蛋白质含量丰富。鱼类蛋白质的氨基酸组成与人体组织蛋白质的组成相似，因此生理价值较高。

●常见食材的选购与功效

01 鳝鱼

每餐150~250克。

{健康功效}

鳝鱼中含有丰富的DHA和卵磷脂，是构成人体各器官组织细胞膜的主要成分，还是脑细胞生长不可缺少的营养成分。美国试验研究资料显示，鳝鱼肉能降低和调节血糖，对糖尿病有较好的治疗作用。

{营养成分}

每100克鳝鱼：热量89千卡、蛋白质18克、脂肪1.4克、碳水化合物1.2克、钙42毫克、铁2.5毫克、磷2.6毫克、钾263毫克。

{选购要点}

活鳝鱼：要选头朝上直立，身上有黏液，没有损伤的。一般来说，健康的黄鳝在水中是不会长时间将头伸出水面，若发现长时间伸头出水的黄鳝则意味着很快死去。

> 鳝鱼的血液有毒，误食可导致死亡，所以鳝鱼必须彻底煮熟。

健康贴士

02 带鱼

每餐100~200克。

{健康功效}

带鱼含有不饱和脂肪酸，具有降低胆固醇的作用。经常食用带鱼，有养肝补血、泽肤养发、健美的功效。医学专家研究发现，带鱼表面银白的"鱼鳞"能有效地治疗急性白血病及其他癌症。

{营养成分}

每100克带鱼：热量127千卡、蛋白质17.7克、脂肪4.9克、碳水化合物3.1克、钙28毫克、铁1.2毫克、磷191毫克、钾280毫克、钠150.1毫克。

{选购要点}

一看体形：体形宽厚，肚腹完整不破，鱼体刚硬不弯，体大鲜肥。
二看光泽：体洁白有亮点，呈银粉色薄膜，鳞片不易脱落。无锈斑、无粘液、有光泽，肉色不发红。

> 切不可刮掉银白色"鱼鳞"，否则会失去抗癌保健的食疗作用。

健康贴士

03 草鱼
每餐150~250克。

【健康功效】

常食用草鱼有抗衰老、养颜的功效，而且对肿瘤也有一定的防治作用；对于身体瘦弱、食欲不振的人来说，草鱼肉嫩而不腻，可以开胃、滋补。草鱼对血液循环有利，是心血管病人的良好食物。

【营养成分】

每100克草鱼：热量122千卡、蛋白质18.5克、脂肪4.3克、碳水化合物2.5克、钙36毫克、铁0.8毫克、磷166毫克、钾312毫克、钠46毫克。

【选购要点】

一看颜色：背部为黑褐色、鳞片边缘为深褐色，胸、腹鳍为灰黄色。

二看游动：活泼好游动，对外界刺激有敏锐的反映。在水中腹部朝上、不能立背或能立背但不游动，是快要死亡的征兆。游在水的上层的鱼为即将死去的鱼。

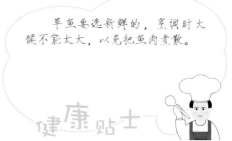

草鱼要选新鲜的，烹调时火候不能太大，以免把鱼肉煮散。

健康贴士

04 黄鱼
每餐150~250克。

【健康功效】

黄鱼含有丰富的微量元素硒，能清除人体代谢产生的自由基，延缓衰老，并对各种癌症有防治功效。中医认为，黄鱼有健脾开胃、安神止痢、益气填精之功效，对贫血、失眠、头晕有良好疗效。

【营养成分】

每100克黄鱼：热量96千卡、蛋白质7.7克、脂肪2.5克、碳水化合物0.8克、钙53毫克、铁0.07毫克、磷174毫克、钾260毫克、钠120.3毫克、铜0.04毫克。

【选购要点】

一看体表：呈金黄色、有光泽，鳞片完整，不易脱落。

二看眼鳃：眼球饱满凸出，角膜透明；鱼腮色泽鲜红或紫红，鳃丝清晰。

三用指按：肉质坚实，富有弹性。

体质虚弱的人和中老年人，经常食用黄鱼，能增进食欲，防治脾胃疾患和尿路结石等疾病。

健康贴士

05 墨鱼

每餐150~200克。

【健康功效】

历代医家认为：墨鱼有养血滋阴，益气诸功效。对妇女月经失调有调节作用。李时珍称墨鱼为"血分药"，是治疗妇女贫血、血虚经闭的良药。墨鱼肉还有抗病毒等作用。

【营养成分】

每100克墨鱼：热量 83 千卡 、蛋白质15.2克、脂肪0.9克、碳水化合物3.4克、胆固醇226毫克、钙15毫克、铁1毫克、磷165毫克、钾400毫克。

【选购要点】

冻墨鱼：色泽正常，不变红，气味正常，无异味，组织结实，有弹性，头部无伤残或轻微伤残，体表无擦伤或有较轻擦伤，无杂质。

墨鱼干：体形完整，色泽光亮洁净，肉体宽厚、平展，呈棕红色半透明状，无黑斑，具有清香味，身干淡口。

墨鱼不要与茄子同食，否则容易引起霍乱。

健康贴士

06 黑鱼

每餐150~250克。

【健康功效】

中医认为黑鱼肉有补脾利水、通气消胀、益阴壮阳、养血补虚、养心补肾、消肿等功效。民间常视黑鱼为珍贵补品，用以催乳、补血。

【营养成分】

每100克黑鱼：热量81千卡、蛋白质19.8克、脂肪1.4克、钙150毫克、铁0.03毫克、磷228毫克、钾304毫克、钠38.5毫克、铜0.04毫克、镁31毫克、锌0.63毫克。

【选购要点】

只要鲜活便可。最好的鱼一般都游于水的放入层，而且鱼鳞片完整，呼吸时鳃盖起伏均匀；稍差的活鱼一般游于水的上层，鱼嘴紧贴水面，尾部放入垂。如果想存养两三天再吃，就挑选鲜活一些的。

黑鱼不能与茄子同食，同食有损肠胃。黑鱼对妇女虚体弱、月经不调及病人术后恢复尤为有益。

健康贴士

07 甲鱼
每餐150~250克。

{健康功效}

　　现代医学研究表明，甲鱼肉中含有一种抵抗人体血管衰老的重要物质，常食可以降低血胆固醇，对高血压、冠心病患者有益。常食甲鱼能提高人体免疫功能，促进新陈代谢的作用。

{营养成分}

　　每100克甲鱼：热量197千卡、蛋白质16.5克、脂肪0.1克、碳水化合物1.6克、钙107毫克、铁1.4毫克、磷135毫克、钾150毫克、钠10毫克、铜0.05毫克。

{选购要点}

一看：外形完整，无伤无病，肌肉肥厚，甲鱼腹部和背部光洁明亮，裙厚而上翘，四腿粗而有劲，动作敏捷。
二抓：用手抓住甲鱼的反腿披窝处，如活动迅速、四脚乱蹬、凶猛有力。
三试：将甲鱼仰翻在地上，头腿活动灵活，能很快翻回来。

甲鱼最宜做汤喝，这样能起到大补的作用。

健康贴士

08 田螺
每餐100~200克。

{健康功效}

　　田螺含有丰富的维生素A、蛋白质、铁和钙，可治目疾。传说八月十五吃田螺，可使眼睛"明如秋月"。田螺所含热量较低，是减肥者的理想食品。田螺肉具有清热明目、利水通淋等功效。

{营养成分}

　　每100克田螺：热量60千卡、脂肪0.2克、蛋白质11克、碳水化合物3.6克、胆固醇154毫克、钙1030毫克、铁19.7毫克、磷93毫克、钾98毫克。

{选购要点}

眼观：贝壳清晰，色泽光亮，呈青褐色；腹足（头盘或称舌）呈乳灰色，壳无破损，无肉溢出，结实且脆。
鼻闻：无臭味。有臭味的是已污染水体产的田螺。
水试：将样品放入水中，活的沉入水底；死的和活力差的，放入水中后会浮在水面。

吃田螺不可饮用冰水，否则会导致腹泻。

健康贴士

191

09 蛤蜊
每餐100~200克。

{健康功效}
蛤蜊肉是一种低热能、高蛋白,能防治中老年人慢性病的理想食品。中医认为,蛤蜊肉有滋阴明目、软坚化痰之功效,可辅助治疗阴虚所致的口渴、干咳、心烦、手足心热等症。

{营养成分}
每100克蛤蜊:热量45千卡、蛋白质7.7克、脂肪0.6克、碳水化合物2.2克、钙59毫克、铁6.1毫克、磷126毫克、钾235毫克、钠309毫克。

{选购要点}
一看:活的蛤蜊紧闭、不易揭开,口开时触之即合拢。口开时触壳仍不闭合为死的。
二看:剥开后体液清晰,两边呈浅红黄色,气味正常。如液体混浊,两边呈灰白色为死的。

不要食用未熟透的贝类,以免传染上肝炎等疾病。

健康贴士

10 海参
每餐150~200克。

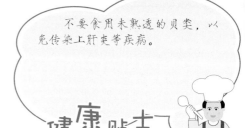

{健康功效}
海参是典型的高蛋白、低脂肪、低胆固醇食物,对高血压、冠心病、肝炎等病人及老年人堪称食疗佳品,常食对强身治病很有益处。海参含有硫酸软骨素,有助于人体生长发育,增强免疫力。

{营养成分}
每100克海参:热量71千卡、蛋白质16.5克、脂肪0.2克、碳水化合物0.9克、钙285毫克、铁13.2毫克、磷28毫克、钾43毫克、钠502.9毫克。

{选购要点}
鲜海参:体形大、肉质厚、体内无沙粒者为上品。
干海参:优质的要求体形饱满、质重、皮薄、肉壁肥厚、水发后涨性大、糯而爽滑、有弹性、无沙粒者为上品。

手术患者每天食用一只海参滋补,会明显缩短康复时间。

健康贴士

11 海蜇

每餐80~150克。

{健康功效}

海蜇含有丰富的甘露多糖等胶质，对防治动脉粥样硬化也有一定的功效。海蜇有阻止伤口扩散的作用。能扩张血管，降低血压。所含的甘露多糖胶质对防治动脉粥样硬化有一定功效。

{营养成分}

每100克海蜇：热量33千卡、蛋白质3.7克、脂肪0.3克、碳水化合物3.8克、钙150毫克、铁4.8毫克、磷30毫克、钾160毫克、钠235毫克、铜0.12毫克。

{选购要点}

优质品：呈白色或浅黄色，有光泽，自然圆形、片大平整、无红衣、杂色、黑斑、肉质厚实均匀且有韧性的最好；无腥臭味；有韧性；口感松脆适口。

劣质品：皮泽变深、有异味，手捏韧性差，易碎裂。

> 从事理发、纺织、粮食加工等与尘埃接触较多的工作人员常吃海蜇，可以去尘积、清肠胃，保护身体健康。

健康贴士

12 鱿鱼

每餐150~200克。

{健康功效}

鱿鱼含有丰富的钙、磷、铁元素，对骨骼发育和造血十分有益，可预防贫血。鱿鱼是一种低热量食品，可抑制血中的胆固醇含量，预防成人病，缓解疲劳，恢复视力，改善肝脏功能。

{营养成分}

每100克鱿鱼：热量77千卡、蛋白质60.1克、脂肪4.7克、碳水化合物7.9克、钙62毫克、铁4.1毫克、磷393毫克、钾1130毫克、钠965.3毫克、铜0.2毫克。

{选购要点}

一看：色白光亮，体形平薄，只形均匀，肉透微红，体长在15~20厘米以上，厚度在2毫米左右。

二摸：润而不潮，干度足。

三闻：无霉味，具有本品应具之腥香者为佳。

> 吃鱿鱼时不能同时吃含亚硝酸盐的食物。

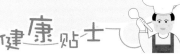

健康贴士

淡菜韭菜　健康提示｜韭菜有补肝肾不足、精血亏虚之效。

🦪 {材　料} 淡菜30克，韭菜60克，精盐、植物油各适量。

🍲 {做　法}

① 淡菜用开水煮软，洗净捞出；韭菜洗净，切段。

② 热锅放入油放入淡菜炒开。

③ 再加入韭菜翻炒至熟，放入精盐调味即可。

🍳 {制作要点} 被污染的淡菜不能食用。

苦瓜炒鲜鱿　健康提示｜鱿鱼的营养价值很高。

🦪 {材　料} 鲜鱿鱼250克，苦瓜1根，牛奶、胡椒粉、植物油、盐、水淀粉各适量。

🍲 {做　法}

① 鲜鱿鱼去杂质，洗净，沥净水分后切成丝，用盐、胡椒粉拌匀待用；苦瓜去籽洗净，切片。

② 烧锅放入油放入鱿鱼丝煸炒片刻，倒入牛奶焖炒至将熟。

③ 加入苦瓜丝翻炒，盛出。

🍳 {制作要点} 劣质鱿鱼体形瘦小残缺，颜色赤黄略带黑。

椰香杏仁虾　健康提示｜此菜适宜风邪寒咳的人食用。

🦪 {材　料} 杏仁50克，椰汁40克，虾仁400克，奶酪20克，蒜、植物油、香菜、盐各适量。

🍲 {做　法}

① 杏仁洗净煮熟；虾仁洗净沥干；蒜切片。

② 起油锅，奶酪入锅熬化，放入蒜、椰汁和杏仁一同翻炒。

③ 待出味后放入虾仁中火炒至熟，加盐、香菜拌匀即可。

🍳 {制作要点} 不够新鲜的虾不宜食用。

鲜虾玉米

健康提示 | 此菜益气养血, 但不宜多食和常食。

{材 料} 虾仁100克, 玉米粒300克, 蒜、料酒、植物油、盐各适量。

{做 法}
1. 玉米粒洗净; 虾仁淘洗沥干; 蒜切片。
2. 起油锅爆香蒜, 放入虾仁翻炒, 淋上料酒。
3. 虾仁捞起, 玉米粒入锅放盐炒熟, 虾仁回锅同炒至熟即可。

{制作要点} 要挑选虾体完整、甲壳密集、外壳清洗鲜明的虾。

香辣虾

健康提示 | 虾具有补肾壮阳、养血固精的功效。

{材 料} 鲜虾500克, 红干椒1个, 姜、蒜共20克, 植物油、盐、生抽、料酒、红油、醋各适量。

{做 法}
1. 鲜虾处理干净后沥干; 红干椒切段; 姜、蒜切丝。
2. 起油锅放入虾炸至金黄捞起, 原锅爆香姜蒜, 红干椒炒味。
3. 加盐、生抽、料酒、红油、醋翻炒, 虾回锅, 用中火炒入味即可。

{制作要点} 根据个人的口味酌情放入辣椒。

虾香西兰花

健康提示 | 此菜有利于提高人的精力。

{材 料} 鲜虾300克, 西兰花200克, 姜、蒜、植物油、盐各适量。

{做 法}
1. 鲜虾清理干净, 沥干; 西兰花洗净, 切块; 姜、蒜切片。
2. 起油锅爆香姜、蒜, 鲜虾入锅加盐炒熟捞起。
3. 原锅烧热放入西兰花, 加盐, 待熟后放虾回锅同炒, 起锅即可。

{制作要点} 西兰花吃的时候多嚼几次有利于营养的吸收。

银芽鳝丝

健康提示 | 鳝鱼有补中益气、养血固脱之效。

{材料} 鳝鱼1条，绿豆芽250克，鸡蛋清、料酒、盐、胡椒粉、香油、酱油、水淀粉、植物油、香菜、姜、大蒜各适量。

{做法}

① 鳝鱼剔骨，去肠，切丝；绿豆芽洗净；姜、蒜均切末。

② 鳝鱼丝用蛋清和水淀粉、盐调拌均匀浆好；用料酒、酱油、胡椒粉、盐和水淀粉兑成汁。

③ 起油锅放入绿豆芽略炒，再放入鳝鱼丝、香菜、姜末、蒜末炒匀，再将汁放入翻炒均匀，淋入香油即可。

{制作要点} 剔去鳝鱼骨头要从脊背处入刀。

鱼片炒番茄

健康提示 | 此菜适宜胃不好的人群食用。

{材料} 草鱼1条，番茄2个，鸡蛋2个，植物油、料酒、精盐、鲜汤、水淀粉各适量。

{做法}

① 草鱼处理后去鱼皮，鱼肉切片，用精盐、料酒、蛋清和水淀粉拌匀上浆；番茄切片。

② 起油锅放入鱼片炸至九成熟，沥油。

③ 原锅烧热放入番茄略炒，加鲜汤、精盐、料酒调味，用水淀粉勾芡，放入鱼片，炒匀即可。

{制作要点} 炸鱼片时油温不用太高。

银鱼炒苦瓜

健康提示 | 此菜适宜消化道功能紊乱者。

{材料} 银鱼300克，苦瓜1根，植物油、姜、盐各适量。

{做法}

① 银鱼洗净；苦瓜去瓤洗净切片；姜切末。

② 银鱼用精盐稍腌；苦瓜用沸水略焯，捞出沥水。

③ 起油锅爆姜后，银鱼入锅翻炒，加苦瓜同炒至熟，加盐调味即可。

{制作要点} 银鱼加精盐腌制可去除腥味。

蛤蜊炒马蹄

健康提示 | 此菜适宜热病烦渴的人食用。

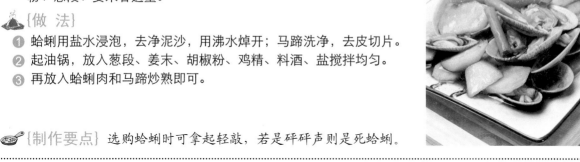

{材 料} 蛤蜊300克，马蹄200克，植物油、盐、鸡精、料酒、胡椒粉、葱段、姜末各适量。

{做 法}

① 蛤蜊用盐水浸泡，去净泥沙，用沸水焯开；马蹄洗净，去皮切片。
② 起油锅，放入葱段、姜末、胡椒粉、鸡精、料酒、盐搅拌均匀。
③ 再放入蛤蜊肉和马蹄炒熟即可。

{制作要点} 选购蛤蜊时可拿起轻敲，若是砰砰声则是死蛤蜊。

鱿鱼西兰花

健康提示 | 此菜适宜脾胃虚弱的人食用。

{材 料} 鱿鱼400克，西兰花300克，姜、蒜、植物油、盐各适量。

{做 法}

① 鱿鱼泡发洗净，切丝；西兰花洗净余水；姜、蒜切片。
② 起油锅爆香姜蒜，加盐爆炒鱿鱼丝，捞起。
③ 原锅烧热放西兰花，加盐炒干水汽，鱿鱼丝回锅同炒至熟即可。

{制作要点} 鱿鱼泡白醋水后划一个十字，可轻易去皮。

香辣鱿鱼丝

健康提示 | 此菜皮肤病患者忌食。

{材 料} 鱿鱼500克，姜、蒜各20克，辣椒酱、油、盐、醋各适量。

{做 法}

① 鱿鱼泡发洗净切丝；姜、蒜切丝。
② 起油锅爆香姜、蒜，爆炒鱿鱼丝。
③ 放入辣椒酱、盐、醋炒熟即可。

{制作要点} 鱿鱼未煮透食用会导致肠功能失调。

香菇鱼片　健康提示 | 此菜加强了辅助治疗食欲不振的效果。

{材料} 青鱼1条，香菇100克，鸡蛋1个，淀粉、姜、蒜、葱、植物油、盐各适量。

{做法}

① 青鱼处理干净切片；香菇泡发洗净切块；鸡蛋打散；姜、蒜切片；葱切段；淀粉用水稀释。

② 起油锅爆香姜、葱、蒜，放入香菇、水、盐翻炒至汁浓稠。

③ 放入青鱼炒匀后，加入蛋液和芡汁，收汁即可。

{制作要点} 注意各种食材放入的先后顺序和时间的控制。

鳝片炒冬笋　健康提示 | 黄鳝补肝肾、强筋骨、祛风湿。

{材料} 黄鳝1条，冬笋50克，植物油、姜、酱油、水淀粉、料酒、醋、精盐、蒜瓣各适量。

{做法}

① 鳝鱼洗净起肉，切片；冬笋切片；蒜瓣切小片；姜切丝。

② 烧锅放入油把鳝鱼片煸炒，至表面略焦，捞出备用。

③ 原锅烧热油放蒜片爆香，再放入冬笋片、鳝鱼片、料酒、酱油、精盐、醋、姜丝合炒至熟，水淀粉勾芡即成。

{制作要点} 黄鳝最好先把头部用刀背拍烫，这样较容易宰杀。

木耳冬笋炒虾球　健康提示 | 木耳可养血驻颜。

{材料} 鲜虾100克，冬笋50克，木耳30克，植物油、姜末、蒜末、胡椒粉、盐、白酒、淀粉各适量。

{做法}

① 鲜虾去皮留尾，开边取虾线，用盐、白酒、胡椒粉、淀粉腌制。

② 木耳浸发洗净撕小块；冬笋切片；木耳、冬笋先后沸水捞出待用。

③ 烧锅放入油，煸香姜末、蒜末，放入鲜虾炒熟，再加入木耳、冬笋翻炒，放盐调味即可。

{制作要点} 用牙签去虾线，则虾的外形不被破坏。

红绿酱炒黄鳝　健康提示 | 鳝鱼适宜身体虚弱营养。

{材　料} 黄鳝1条，青、红尖椒各1个，豆瓣20克，植物油、料酒、盐、酱油、醋、香油、花椒粉、姜、蒜各适量。

{做　法}
① 黄鳝剖腹，斩去头尾，切段；豆瓣剁细；姜切丝；蒜切末；青、红尖椒去籽后切块。
② 烧锅放油放入鳝鱼段煸炒，烹入料酒，翻炒几分钟。
③ 放入豆瓣煸至油呈红色，放青、红尖椒、姜丝、蒜末炒匀，加盐、酱油稍炒，淋少许醋和香油炒匀，撒上花椒粉即可。

{制作要点} 用钉子将鳝鱼头部钉在案板上，再剖腹划割。

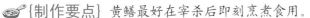

三色黄鳝　健康提示 | 凡病属虚热者不宜食用黄鳝。

{材　料} 黄鳝1条，玉米粒、胡萝卜、芹菜各15克，姜、植物油、盐、味精、料酒、胡椒粉、香油、水淀粉各适量。

{做　法}
① 黄鳝洗净切丁；玉米粒洗净；胡萝卜去皮切粒；芹菜洗净切粒；姜切末。
② 锅内烧水放黄鳝，用中火煮至硬身，捞起洗净。
③ 另烧锅放油放姜末、黄鳝丁、料酒、玉米粒、萝卜粒、芹菜粒翻炒至将熟时，调入盐、胡椒粉，放水淀粉勾芡，淋入香油即可。

{制作要点} 黄鳝最好在宰杀后即刻烹煮食用。

墨鱼炒芹菜　健康提示 | 墨鱼适宜阴虚体质者食用。

{材　料} 墨鱼300克，芹菜200克，姜丝、蚝油、葱花、盐、植物油各适量。

{做　法}
① 墨鱼洗净，注意清理内部的黑膜和软壳，将头部和身子分开；芹菜洗净切段。
② 烧锅放油煸香姜丝，加墨鱼煸炒至微黄，再加芹菜一起炒至熟。
③ 加盐、蚝油调味，撒入葱花起锅即可。

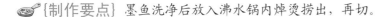

{制作要点} 墨鱼洗净后放入沸水锅内焯烫捞出，再切。

香菇鲫鱼
健康提示 | 此菜能达到补益大脑的作用。

🍅 {材料} 香菇200克，鲫鱼1条，红辣椒、姜、蒜、盐、糖、酱油、醋各适量。

{做法}
1. 香菇泡发后撕块；鲫鱼剔骨切片；红辣椒切粒；姜、蒜切片。
2. 起油锅爆香姜、蒜、红辣椒，加适量水、香菇入锅翻炒。
3. 放入鲫鱼片，加盐、糖、酱油、醋换中火翻炒至熟即可。

🥘 {制作要点} 以2~4月份和8~12月份的鲫鱼最为肥美。

爽口银耳虾
健康提示 | 此菜是很温补的一道菜。

🍅 {材料} 银耳200克，鲜虾300克，芹菜50克，葱、蒜、植物油、盐、醋、香油各适量。

{做法}
1. 银耳泡发后撕小块；鲜虾去壳去虾线；芹菜切段；蒜捣蓉；葱切段。
2. 起油锅爆香蒜蓉，放入虾仁翻炒至熟，捞起后，芹菜入锅。
3. 放银耳与芹菜同炒，虾仁回锅，加盐、醋、香油翻炒，起锅即可。

🥘 {制作要点} 鲜虾可用蛋清和米酒腌制入味。

木耳鱿鱼丝
健康提示 | 此菜适宜心脾虚弱的患者食用。

🍅 {材料} 黑木耳300克，鱿鱼200克，植物油、蒜末、葱花、盐、胡椒粉、料酒各适量。

{做法}
1. 黑木耳泡发洗净，切丝；鱿鱼洗净切丝。
2. 起油锅爆炒鱿鱼丝，烹入适量料酒。
3. 放入黑木耳和蒜末，加盐和胡椒粉同炒至熟，撒葱花即可。

🥘 {制作要点} 鱿鱼可先用盐、料酒、胡椒粉腌制。

尖椒炒蛤蜊

健康提示 | 蛤蜊有滋阴润燥的功效。

{材 料} 蛤蜊500克，青尖椒2个，姜片、葱花、盐、胡椒粉、植物油、花椒油、醋、水淀粉、料酒各适量。

{做 法}

1. 蛤蜊泡清水，洗净泥沙；青尖椒洗净，切象眼片。
2. 蛤蜊放入沸水中煮至开口，取出肉。
3. 起油锅放葱、姜爆香，烹入料酒，加青尖椒炒熟，再放入蛤蜊，加盐、胡椒粉、醋调味炒匀，用水淀粉勾芡，淋入花椒油即可。

{制作要点} 放调料一定要撒均匀，翻炒要快速，否则调料不均匀。

清鲜牡蛎

健康提示 | 牡蛎具有活跃造血功能的作用。

{材 料} 牡蛎300克，黄瓜1根，葱、植物油、盐、胡椒粉各适量。

{做 法}

1. 牡蛎洗净去壳，取肉；黄瓜洗净切片；葱切葱花。
2. 起油锅放入黄瓜炒熟。
3. 放入牡蛎肉和黄瓜同炒至熟，加盐、胡椒粉调味，撒上葱花即可。

{制作要点} 放入牡蛎和黄瓜后，要大火快炒。

香菇鱿鱼丝

健康提示 | 此菜适宜冠心病患者食用。

{材 料} 鱿鱼250克，木耳50克，香菇50克，植物油、盐、料酒、淀粉、葱花、香菜、姜末各适量。

{做 法}

1. 鱿鱼洗净切丝焯水沥干；木耳泡发洗净切片；香菇泡发洗净切丝。
2. 起油锅放鱿鱼略爆，捞出沥油。
3. 原锅烧热快速煸炒香菇和木耳至熟，加盐、料酒、淀粉、姜末，鱿鱼回锅翻炒片刻，撒葱花、香菜即可。

{制作要点} 泡发的香菇水可用作烹调。

制作要点

黑鱼以冬季出产为最佳。

红绿黑鱼块

科学配餐：木耳炒猪肺　(P179)

科学配餐：酸辣小白菜　(P60)

🐟 {材　料}

黑鱼1条，青、红尖椒各2个，豆瓣酱、植物油、盐、料酒、生抽、水淀粉、葱段、姜末、蒜蓉、蛋清各适量。

🔔 {做　法}

❶ 黑鱼杀好洗净，剁成块状，加蛋清、盐、淀粉拌匀；青、红尖椒切圈。

❷ 起油锅放入鱼块炸至金黄色，捞起。

❸ 原锅烧热放入姜末、蒜蓉、豆瓣酱爆香，加入鱼块、青、红尖椒、葱段、适量的水、盐、料酒、生抽调好味，炒至入味少汁时，用水淀粉勾芡即可。

　　黑鱼适用于身体虚弱，低蛋白血症、脾胃气虚、营养不良，贫血之人食用，广西一带民间常视黑鱼为珍贵补品，用以催乳、补血。

健康贴士

肉片鲜鱿　健康提示 | 此菜适宜心脏病患者食用。

🍅 {材　料} 鱿鱼200克，猪肉200克，小白菜300克，淀粉、蚝油、香油、料酒、胡椒粉、植物油、姜末、蒜末各适量。

🍲 {做　法}

❶ 鱿鱼洗净切块；猪肉洗净切片；小白菜洗净切段；蚝油、香油、胡椒粉、料酒和淀粉加水调成芡汁。

❷ 起油锅放入姜末、蒜末炝锅，放入肉片、鱿鱼炒熟，淋上芡汁，拌匀盛出。

❸ 另起油锅，放入小白菜炒熟，肉片和鱿鱼回锅炒匀，淋香油即可。

🍳 {制作要点} 鱿鱼需煮熟后再烹。

莴笋鱿鱼　健康提示 | 此菜有减少血栓形成的作用。

🍅 {材　料} 鱿鱼300克，莴笋200克，植物油、姜丝、葱花、蒜末、盐各适量。

🍲 {做　法}

❶ 鱿鱼洗净切丝；莴笋洗净切条。

❷ 起油锅爆香姜、蒜，爆炒鱿鱼至熟后盛出。

❸ 另起油锅，放入莴笋加盐炒熟，鱿鱼回锅，大火翻炒匀，撒上葱花即可。

🍳 {制作要点} 莴笋炒食前先用盐腌制后再入凉水中漂洗。

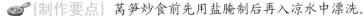

香炒鱿鱼花　健康提示 | 鱿鱼利于骨骼发育和造血。

🍅 {材　料} 鱿鱼1条，青蒜2棵，料酒、白糖、精盐、酱油、香油各适量，红辣椒、姜片少许。

🍲 {做　法}

❶ 青蒜洗净，与红辣椒同切斜片；鱿鱼撕去表面皮膜，洗净，由内面斜切交叉刀绞，再切块。

❷ 将鱿鱼块放入温水中余烫一下，使之起卷，马上捞起。

❸ 锅中倒入油烧热，炒香蒜白、红辣椒、姜片，放入料酒、白糖、精盐、酱油、香油及鱿鱼炒匀，起锅前再放入蒜尾即可。

🍳 {制作要点} 鱿鱼因一种多肽成分，未煮透而食会导致肠运动失调

咖喱鲈鱼　健康提示 | 此菜适宜头晕、失眠多梦者食用。

{材　料} 鲈鱼1条，咖喱酱20克，蒜、淀粉、植物油、精盐、花椒各适量。

{做　法}
① 鲈鱼清理干净，切块；蒜捣蓉；淀粉用水稀释。
② 起油锅爆香蒜，放入咖喱酱和芡汁，加精盐、花椒翻炒。
③ 放入鱼块，中火翻炒入味即可。

{制作要点} 淀粉加水多一点，这样鱼收汁过程中，更易入味。

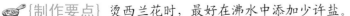

西兰花炒虾仁　健康提示 | 本品适合高血压患者食用。

{材　料} 西兰花100克，虾仁100克，大蒜、红辣椒、植物油、料酒、盐各适量。

{做　法}
① 西兰花洗净，切块；焯烫，再用冷水过凉，捞出沥水。
② 红辣椒去蒂、去籽，切成粗末；大蒜去皮切末备用。
③ 将植物油与蒜末放进平底锅中，用小火爆香，放入红辣椒与虾仁，用中火拌炒，待虾仁变色可淋少许料酒；放入西兰花，用大火迅速爆炒，再加盐调味即可。

{制作要点} 烫西兰花时，最好在沸水中添加少许盐。

香爆带鱼　健康提示 | 此菜适宜血虚头晕者。

{材　料} 带鱼1条，青、红尖椒各1个，植物油、姜、蒜、葱、盐、糖、酱油、淀粉各适量。

{做　法}
① 带鱼洗净，切块；青、红尖椒洗净，切块；姜、蒜切末；葱切花；盐、淀粉加水兑汁。
② 带鱼入沸水中略焯，捞出沥水；起油锅爆香姜末、蒜末，加糖、酱油、青、红尖椒翻炒均匀。
③ 加带鱼大火爆炒，放入芡汁略翻炒，撒葱花即可。

{制作要点} 芡汁边倒边翻炒，让鱼块充分吸收。

芹菜炒虾
健康提示 | 此菜适宜心血管疾病患者食用。

{材 料} 鲜虾100克，芹菜100克，植物油、蒜末、盐各适量。

{做 法}

1 芹菜洗净，去叶留梗，切片，放入沸水中略焯，捞出沥水；鲜虾清理干净，去头。

2 起油锅放鲜虾炒至变色时盛出。

3 原锅烧热放入蒜末煸香，放入芹菜，加盐，放入炒好的虾，翻炒均匀即可。

{制作要点} 炒虾时要快速翻炒，防止粘锅。

芦笋烧虾仁
健康提示 | 此菜具有补肾壮阳之功效。

{材 料} 芦笋200克，鲜虾100克，高汤、葱丝、姜丝、盐、麻油、白糖、料酒、水淀粉、植物油各适量。

{做 法}

1 芦笋去根洗净，切段，放入沸水锅中焯至断生，捞出沥干水备用。

2 鲜虾去头尾去壳洗净，放入沸水锅中焯至变色，捞出控去多余水分。

3 起油锅，放入姜、葱丝爆香，加入虾仁翻炒片刻烹入料酒；加入少许高汤后，加盐、白糖调味，焖1分钟，加芦笋翻炒片刻，用水淀粉勾芡，淋上麻油出锅即可。

{制作要点} 芦笋不要炒得太久，以免营养流失。

墨鱼五花炒土豆
健康提示 | 土豆可解毒消炎。

{材 料} 墨鱼仔150克，土豆1个，五花肉50克，植物油、葱段、姜片、老抽、盐、糖、料酒各适量。

{做 法}

1 土豆去皮切片；五花肉切片；墨鱼仔处理干净，用料酒腌10分钟；

2 烧锅放入油放入土豆煎至表面泛黄取出，加五花肉煎至出油，放入葱段、姜片爆香，加墨鱼仔、老抽、糖，炒上色。

3 放入土豆，加适量清水、盐炒匀至汁浓稠即可。

{制作要点} 墨鱼仔大概腌制10分钟。

芹菜炒鱿鱼片

健康提示 | 鱿鱼能益气壮志。

{材 料} 鱿鱼200克，芹菜100克，植物油、盐、料酒、水淀粉、姜片、葱段、蒜蓉各适量。

{做 法}

① 芹菜刮去外皮，洗净切段；鱿鱼洗净，切十字花。

② 烧锅放油放姜片、葱段、鱿鱼炒至六成熟，加料酒、盐炒匀捞起。

③ 另起锅放入蒜蓉、芹菜翻炒片刻，接着加入鱿鱼翻炒，调入味，淋入水淀粉勾芡即可。

{制作要点} 旱芹药用更好，香气较浓。

鲜鱿炒韭菜

健康提示 | 夜盲症患者可多食韭菜。

{材 料} 鲜鱿鱼400克，韭菜200克，胡萝卜各1个，植物油、料酒、盐、淀粉、糖、香油、胡椒粉、蒜、姜各适量。

{做 法}

① 胡萝卜洗净切片；姜切片；韭菜切段；鱿鱼去骨，外膜切花备用。

② 鱿鱼入碗中加各种调料，腌制10分钟，放入滚水中烫至卷起，取出过冷水。

③ 净锅放入油烧热放韭菜，加盐和水，稍炒捞出；放入油爆香姜、蒜、胡萝卜和鱿鱼拌炒，再放入韭菜稍炒即可。

{制作要点} 韭菜水可解石榴和土豆同食的毒。

香炒鱿鱼花

健康提示 | 蒜具有醒脾气、消谷食的功效。

{材 料} 鱿鱼1条，洋葱50克、红尖椒1个、蒜、料酒、白糖、精盐、酱油、香油、葱花、姜片、植物油各适量。

{做 法}

① 鱿鱼撕去表面皮膜，洗净，由内面斜切交叉刀纹，再切块；洋葱洗净，切丝；红尖椒切圈；蒜洗净，切斜片。

② 鱿鱼块放温水中氽烫，捞起。

③ 烧锅放油炒香蒜、红尖椒、洋葱、姜片，放入料酒、白糖、精盐、酱油、香油及鱿鱼炒匀，起锅前再放入葱花即可。

{制作要点} 优质鱿鱼体形完整坚实，呈粉红色。

辣炒鱿鱼

健康提示 | 洋葱具有理气和胃、健脾进食的功效。

{材料} 鱿鱼200克，洋葱半个，蒜蓉、香辣酱、糖、芝麻、植物油各适量。

{做法}

1. 鱿鱼须切放入，剖开去掉内脏，洗净在表面切十字花刀，再切大块；洋葱洗净切丝。
2. 烧锅放油放入洋葱丝炒软，放入鱿鱼炒到卷起发白。
3. 放入蒜蓉、香辣酱和糖，炒匀盛出，撒上芝麻即可。

{制作要点} 香辣酱根据个人口味来放入。

茄汁桂花鱿鱼

健康提示 | 脾胃虚寒的人应少吃鱿鱼。

{材料} 鱿鱼500克，桂花20克，橄榄油、番茄沙司、盐、姜片各适量。

{做法}

1. 鱿鱼去须，洗净切片，用热水汆烫备用。
2. 烧锅放橄榄油、姜片爆香，放入鱿鱼片翻炒2分钟，淋入番茄沙司继续翻炒。
3. 调入桂花，加盐调味。

{制作要点} 想要桂花味浓，可多放入桂花。

鱿鱼炒黄瓜

健康提示 | 黄瓜具有除热、利水的功效。

{材料} 鱿鱼1条，黄瓜1根，植物油、盐、白醋各适量。

{做法}

1. 黄瓜洗净切片；鱿鱼取出内脏，去须脚，撕掉表膜，洗净切片。
2. 烧锅放油，加入鱿鱼炒至变微黄，放黄瓜一起煸炒至熟。
3. 加盐、白醋调味，炒匀即可起锅。

{制作要点} 黄瓜不宜加碱或高温煮后食用。

糖醋带鱼

健康提示 | 带鱼有补脾益气、暖胃养肝的作用。

{材料} 带鱼1条，植物油、水淀粉、醋、白糖、酱油、精盐、姜末、葱末、蒜末各适量。

{做法}
① 带鱼处理干净后，切段，用精盐稍腌，并在鱼身上均匀抹上一层水淀粉。
② 烧锅放油把鱼放入翻炒至鱼身呈金黄色，取出放盘。
③ 原锅热油放入葱、姜、蒜末、醋、酱油和糖，入味后淋植物油在鱼身上即可。

{制作要点} 带鱼腥气较重，宜红烧、糖醋。

百合山药炒田螺

健康提示 | 此菜适宜糖尿病患者。

{材料} 山药、百合各25克，西芹50克，田螺肉50克，料酒、姜丝、葱花、精盐、植物油各适量。

{做法}
① 将百合洗净，掰成片；山药去皮洗净，切薄片；西芹洗净，切3厘米长的段；田螺肉洗净，切片。
② 将山药片、百合片加适量清水，放入蒸笼蒸熟。
③ 起油锅，烧至六成热，放入葱花、姜丝爆香，放入田螺肉片，烹入料酒，加入西芹、百合、山药，调入精盐炒熟即成。

{制作要点} 干百合可提前用水浸泡备用。

苹果炒虾仁

健康提示 | 河虾有补肾壮阳的功效。

{材料} 河虾250克，苹果1个，植物油、精盐、蛋清、葱、淀粉各适量。

{做法}
① 苹果洗净去皮，切块；葱洗净，切段。
② 河虾去肠泥，洗净沥干水分，用精盐、蛋清、淀粉拌成调味料腌制，入冰箱冷藏1小时。
③ 烧锅放油放虾仁滑开，颜色变红后捞出沥油；原锅烧热爆香葱段，再放入苹果炒出香味，最后放入虾仁、盐炒匀即可。

{制作要点} 炒虾仁时，待颜色变红后立即捞出沥油。

爆炒螺肉

健康提示｜田螺可滋阴补肾、增强肌肉弹性。

{材　料} 田螺肉250克，蒜苗100克，植物油、辣椒酱、花椒、盐、白糖、香油、料酒、姜、蒜、干辣椒各适量。

{做　法}
1. 螺肉洗净，用盐、料酒腌好待用；姜、蒜洗净切片；蒜苗取蒜白段，斜切段；干辣椒切末。
2. 螺肉用沸水汆烫，滤去水分，锅内烧热放入螺肉爆断生。
3. 烧锅放油放干辣椒、花椒炒脆，放辣椒末、姜、蒜片炒香，再放入螺肉、盐、糖、蒜苗快速翻炒，淋入香油和匀，起锅装盘。

{制作要点} 螺肉先用热水汆烫，去腥味。

带鱼炒山药

健康提示｜此菜对倦怠无力有食疗作用。

{材　料} 带鱼1条，山药100克，百合20克，清汤、葱、姜、精盐各适量。

{做　法}
1. 带鱼去内脏洗净切块；山药去皮洗净切片；百合剥瓣后洗净；葱切花；姜切片。
2. 起油锅放入葱花、姜片爆香，放入带鱼、山药大火翻炒。
3. 炒至肉熟时加入百合炒至熟，加精盐调味即可。

{制作要点} 百合易熟，所以后放。

虾仁炒苦瓜

健康提示｜苦瓜性寒，有清热祛暑的功效。

{材　料} 河虾仁250克，苦瓜1根，植物油、酱油、香菜、盐各适量。

{做　法}
1. 苦瓜洗净，切片；香菜切碎。
2. 烧锅放油放入虾仁，变色后取出。
3. 原锅烧热放入切好的苦瓜，炒至变软时放入虾仁炒匀，放入盐和酱油调味，最后撒上香菜碎即可出锅。

{制作要点} 根据个人口味放或不放香菜。

虾仁炒雪梨
健康提示 | 雪梨具有生津润燥的作用。

{材 料} 河虾200克，雪梨1个，蛋清、植物油、料酒、淀粉、盐各适量。

{做 法}

❶ 河虾去虾头、外壳、虾线，洗净控干水分，用盐和料酒腌制10分钟，加蛋清和淀粉拌匀上浆；雪梨去皮和核，切块。

❷ 烧锅放入油放入虾仁滑散至熟。

❸ 放入雪梨翻炒，再放入虾仁一起炒匀，放盐调味即可。

{制作要点} 虾仁腌制时间约10分钟。

椒盐河虾
健康提示 | 尖椒性热，阴虚有热者勿食此菜。

{材 料} 鲜虾500克，青、红尖椒1个，姜、蒜20克，葱花、植物油、盐、生抽、料酒、红油、醋、花椒各适量。

{做 法}

❶ 用剪刀剪去虾枪、虾脚；青、红尖椒洗净，切细粒。

❷ 烧锅放入油放虾炸至熟，捞出。

❸ 另起锅放入蒜蓉、姜末、葱花、青、红尖椒粒、虾仁，调入精盐、胡椒粉、辣椒油翻炒至入味即可。

{制作要点} 尖椒、盐口味根据个人喜好调味。

清炒虾仁
健康提示 | 有利尿作用。

{材 料} 河虾500克，姜2片，蛋清半个，植物油、盐、料酒、淀粉各适量。

{做 法}

❶ 河虾剥壳，取出虾仁，先用淀粉抓洗净黏液，拭干水分，拌入蛋清、盐、淀粉腌制10分钟。

❷ 烧锅放入油放虾仁过油捞出，原锅爆香姜片，焦黄时捞出，放入虾仁、料酒、盐、淀粉芡汁炒匀盛出。

❸ 加盐调味，沥干盛出。

{制作要点} 注意把握好火候。

制作要点

买回来的蛏子要
用盐水泡两小时。

爆炒蛏子

科学配餐：红烧海参（P216）

科学配餐：黄花菜炒鸡蛋（P110）

{材料}

蛏子500克，青、红尖椒各1个，植物油、水淀粉、姜末、盐、料酒、米醋、花椒油各适量。

{做法}

① 蛏子洗净，用刀顺背脊割一刀，去掉杂质。

② 青、红尖椒去蒂和籽，洗净后切小块；把姜末、盐、料酒、米醋和水淀粉兑成芡汁。

③ 起油锅放入蛏子、青、红尖椒煸炒片刻，烹入芡汁，淋上花椒油即可。

蛏子有一定的药用价值，蛏肉用于产后虚寒、烦热痢疾，蛏壳还可用于医治胃病、咽喉肿痛。

健康贴士

紫苏炒田螺　　健康提示 | 紫苏有散寒、解表的功效。

{材　料} 田螺500克，紫苏80克，青、红尖椒各1个，植物油、辣椒酱、生抽、盐、水淀粉、姜末、葱花、蒜末各适量。

{做　法}

① 紫苏切段；青、红尖椒切成圈；田螺剪去尾部，洗净。

② 锅内烧油放青、红尖椒、姜末、葱花、蒜末、辣椒酱爆出香味，放入田螺和紫苏，加入生抽、盐调味，加水翻炒。

③ 炒至汤汁浓稠，用水淀粉勾芡，出锅装盘即可。

{制作要点} 紫苏以茎粗壮，紫棕色为佳。

辣炒田螺　　健康提示 | 辣椒主治寒滞腹痛、阴虚有热者勿食

{材　料} 田螺250克，红尖椒2个，植物油、料酒、酱油、砂糖、精盐、胡椒粉、葱末、蒜泥、姜末各适量。

{做　法}

① 田螺放清水中漂养一昼夜，期间换水1次，剪去尾壳，洗净。

② 红尖椒洗净，切碎，和蒜泥、姜末放入油锅煎炒3分钟，放入田螺翻炒，加料酒、酱油、砂糖、精盐翻炒。

③ 翻炒10分钟后，调入葱末、胡椒粉即可。

{制作要点} 辣椒的分量要根据个人口味调配。

河蚌炒蒜薹　　健康提示 | 河蚌有滋阴养颜的功效。

{材　料} 河蚌500克，蒜薹250克，胡萝卜、植物油、精盐、料酒、白糖、蒜蓉、生姜末各适量。

{做　法}

① 蒜薹洗净，切段；胡萝卜洗净，切丁。

② 河蚌取肉，放入沸水焯烫，捞出切片，加上料酒、精盐腌制。

③ 烧锅放油放入蒜蓉、生姜末爆香，放蒜薹段、胡萝卜丁煸炒至半熟，加入河蚌肉，翻炒5分钟，再加白糖调味即可。

{制作要点} 新鲜的河蚌用手不易掰开，闻之无异臭的腥味。

三鲜爆河蚌　健康提示 | 此菜具有补益五脏的功效。

{材 料} 河蚌500克，洋葱、胡萝卜、青椒、食盐、鸡精、姜、料酒、耗油、大蒜、红尖椒、白糖、植物油各适量。

{做 法}

❶ 河蚌洗净取肉，焯水；大蒜拍碎切末；姜切片；红尖椒切圈；洋葱、青椒、胡萝卜、河蚌肉分别切丝。

❷ 烧锅放油和姜片、红尖椒、蒜爆香，放入洋葱、青椒、胡萝卜、河蚌肉开大火爆炒。

❸ 放料酒、调味料翻炒至入味，即可出锅。

{制作要点} 不能食用未熟透的贝类，以免传染上肝炎等疾病。

滑炒海参　健康提示 | 海参最适宜怀孕后期食用。

{材 料} 海参500克，葱150克，植物油、白糖、水淀粉、姜、葱、香菜、精盐、料酒、酱油各适量。

{做 法}

❶ 海参去内脏，洗净后切长条，飞水；葱洗净，切段；姜切末；香菜切碎。

❷ 烧锅放入油放葱段和姜末煸炒出香味，放上酱油、料酒、精盐、白糖翻炒。

❸ 加入海参段，用小火翻炒至入味，用水淀粉勾芡，炒匀即可。

{制作要点} 发好的海参不能久存，最好不超过3天。

海蜇丝炒西芹　健康提示 | 西芹适宜高血压的人食用。

{材 料} 海蜇丝200克，西芹2根，鸡胸肉100克，红椒半个，酱油、盐、料酒、糖、淀粉、鸡精、植物油、葱花、姜丝各适量。

{做 法}

❶ 西芹切片焯水，过凉备用；鸡胸肉切丝，用酱油、糖、料酒腌制1小时；海蜇丝沸水焯烫；红椒切丝。

❷ 烧锅放油爆香葱花、姜丝，放入鸡肉翻炒至变色，盛出备用。

❸ 原锅烧热放入西芹翻炒，加酱油、糖调味，再加入红椒丝翻炒，最后加入海蜇丝、鸡丝，加盐、鸡精翻炒匀，淀粉勾芡即可。

{制作要点} 西芹切片后焯水过凉，备用。

洋葱爆虾

健康提示 | 此菜适宜糖尿病患者食用。

🍅 {材 料} 海虾100克，洋葱1个，红尖椒1个，盐、植物油各适量。

📖 {做 法}

① 洋葱、红尖椒分别洗净，切条。
② 海虾洗净，剪去虾须、爪，入热锅炸熟，捞出沥油。
③ 原锅烧热放入红尖椒和洋葱煸炒出香味，加入虾和盐，翻炒匀即可。

🥘 {制作要点} 炸虾时注意火候，不能太大。

红烧海参

健康提示 | 海参具有养心润燥、补血等作用。

🍅 {材 料} 海参250克，青、红尖椒各1个，葱白2根，水淀粉、盐、植物油、面酱各适量。

📖 {做 法}

① 鲜泡发海参，处理干净，切块；青、红椒切条；葱白切粒。
② 烧锅放油放椒条爆炒，加入海参继续翻炒。
③ 加入面酱、葱粒炒匀，用水淀粉勾芡，加盐调味，大火收汁，即可出锅。

🥘 {制作要点} 野生海参的沙嘴大而坚硬。

芥蓝鲜鱿

健康提示 | 鱿鱼含丰富的蛋白质、铁质及胶原质

🍅 {材 料} 芥蓝300克，鲜鱿鱼1条，酱油、盐、淀粉、胡椒粉、香油、姜片、植物油、料酒各适量。

📖 {做 法}

① 芥蓝洗净沥干，切段；鲜鱿鱼撕去外皮，洗净后斜刀刻花，切块。
② 鲜鱿鱼用酱油、盐、淀粉、胡椒粉、香油腌制片刻；芥蓝与姜片、植物油、料酒拌匀。
③ 烧锅放油放入鱿鱼和芥蓝翻炒至熟，即可出锅。

🥘 {制作要点} 所加的水要比一般菜多一些，炒的时间要长些。

鲜虾芦笋

健康提示 | 海虾性温味甘，具有滋阴补肾的功效。

{材料} 芦笋250克，鲜海虾100克，葱花、姜末、精盐、植物油各适量。

{做法}

① 芦笋去皮，洗净切段。

② 鲜海虾去虾须，剪开虾背，挑出肠线，洗净。

③ 起油锅放入葱花、姜末爆香，放入鲜海虾、芦笋翻炒至熟，用精盐调味即可。

{制作要点} 芦笋要先用沸水焯一回。

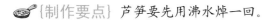

鲜虾炒莴笋

健康提示 | 此菜糖尿病患者宜食。

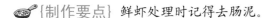

{材料} 莴笋250克，鲜虾200克，葱花、姜丝、精盐、鸡精、植物油各适量。

{做法}

① 鲜虾洗净，去除虾须，剪开虾背，挑去肠线，洗净。

② 莴笋去皮洗净，切菱形块。

③ 起油锅放入葱花、姜丝炒香，放入鲜虾和莴笋翻炒均匀，炒至虾肉莴笋熟透，用精盐和鸡精调味即可。

{制作要点} 鲜虾处理时记得去肠泥。

肉片海带

健康提示 | 肉丝配海带丝有降血糖及润肠的功效。

{材料} 水发海带150克，猪瘦肉50克，葱花、姜末、精盐、植物油各适量。

{做法}

① 猪瘦肉洗净，切片。

② 水发海带洗净，切片。

③ 起油锅放入葱花、姜末炒香，放入肉丝炒熟，放入海带丝炒匀，加适量水，炒至海带丝口感软烂，用精盐调味即可。

{制作要点} 猪肉要顺着纤维纹路斜切。

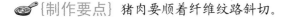

金针菇香鳝

健康提示 | 鳝鱼具有祛风通络等功效。

{材料} 金针菇300克,鳝鱼1条,姜、淀粉、酱油、精盐、植物油、大蒜各适量。

{做法}

① 鳝鱼洗净,用开水煮熟拆片骨刺,斩段切条;金针菇剁茸,用温水泡开;姜切丝。

② 金针菇用淀粉打匀;锅内煮沸水放入鳝鱼条,加酱油、精盐翻拌,至鳝鱼熟透。

③ 烧锅放油放蒜瓣爆香,放入鳝鱼和金针菇快炒匀,起锅即可。

{制作要点} 用盐和醋、开水浸泡鳝鱼,待张嘴后即可剖腹洗净。

豉汁炒蚬子

健康提示 | 蚬肉对恢复肝功能有较好效果。

{材料} 蚬子500克,青、红尖椒各1个,植物油、豆豉、盐、料酒、胡椒粉、淀粉、姜、蒜各适量。

{做法}

① 青、红尖椒切圈;姜、蒜切末;蚬子洗净后放入沸水中煮至开壳。

② 起油锅放入姜末、蒜末、豆豉爆香,放入椒圈、蚬子,放料酒、胡椒粉、盐翻炒。

③ 淀粉兑水勾芡,出锅即可。

{制作要点} 烹制时千万不要再加味精,也不宜多加盐。

蟹鲜芥蓝

健康提示 | 螃蟹对身体有很好的滋补作用。

{材料} 芥蓝250克,生蟹黄100克,蟹肉100克,精盐、料酒、胡椒粉、水淀粉、植物油、姜片、葱段各适量。

{做法}

① 芥蓝去皮洗净,切片,放沸水中氽水捞起;蟹清洗干净,去壳对半切开。

② 起油锅放葱、姜、料酒、胡椒粉炒香后放入蟹块,炒至金黄色。

③ 放入芥蓝同炒10分钟,加入适量盐调味即可。

{制作要点} 选蟹要看颜色、看个体、看肚脐、看蟹毛、看动作。

鲜味蚝豉

健康提示 | 蚝豉是用牡蛎肉干制成的。

{材 料} 蚝豉150克，大蒜20克，植物油、姜丝、葱段、盐、芝麻油、料酒、水淀粉各适量。

{做 法}

1 蚝豉洗净，盛碗内加料酒、姜葱，上笼蒸透。

2 大蒜去皮洗净，在油锅里略炸捞出。

3 起油锅放入姜葱炒香，放入蚝豉、大蒜，加盐、料酒同炒片刻，放水淀粉勾芡，淋香油即可。

{制作要点} 蚝豉以生晒的被认为最好，熟晒的则味道较差。

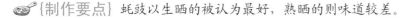

笋尖炒淡菜

健康提示 | 淡菜有补肝肾、益精血的功效。

{材 料} 淡菜200克，嫩笋尖200克，胡萝卜50克，植物油、料酒、姜、菜汤、精盐各适量。

{做 法}

1 笋尖洗净，切段；淡菜放入开水中泡一泡；胡萝卜切粗丝。

2 淡菜装入碗中，加开水，上笼蒸透。

3 起油锅把笋尖、淡菜、胡萝卜分两边放入，加蒸淡菜的汤、白糖、料酒、盐，分两边变滚边炒，直至至浓稠即可。

{制作要点} 淡菜在蒸透取出后，要剪除老块和中心的毛茸。

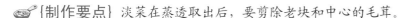

洋葱炒蚬子

健康提示 | 此菜可调节体内静态的平衡。

{材 料} 蚬子500克，洋葱1个，红尖椒2个，植物油、清汤、辣椒酱、水淀粉、酱油、精盐、料酒、白砂糖、香油各适量。

{做 法}

1 蚬子刷洗干净，放入沸水锅中烫至外壳张开，捞出；洋葱、红尖椒各切成菱形。

2 烧锅放油放入清汤、酱油、精盐、料酒、白砂糖、洋葱、红尖椒、辣椒酱烧沸，放入蚬子。

3 翻炒至入味，用水淀粉勾芡，淋上香油即可。

{制作要点} 添加调料调味时，酱油、料酒一定要先放。

韭菜鱿鱼丝

健康提示 | 此菜能改善记忆力减退、健忘。

{材 料} 韭菜300克，鱿鱼150克，姜、蒜、料酒、植物油、盐、生抽、花椒各适量。

{做 法}

① 韭菜洗净切段；鱿鱼放入开水中焯过切丝；姜、蒜切片。

② 起油锅加姜、蒜、花椒爆香捞出不用，鱿鱼入锅爆炒，洒上料酒。

③ 放入韭菜与鱿鱼同炒，放盐、生抽翻炒，起锅即可。

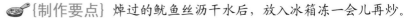

{制作要点} 焯过的鱿鱼丝沥干水后，放入冰箱冻一会儿再炒。

香烧鲳鱼

健康提示 | 此菜可以调脾胃补五脏。

{材 料} 鲳鱼1条，冬笋15克，植物油、酱油、料酒、精盐、白糖、香油、葱、姜末、蒜末各适量。

{做 法}

① 鲳鱼处理干净后，在鱼的两面剞花刀，抹匀酱油；冬笋切成小丁。

② 起油锅，放入鱼炸五成熟，呈枣红色时捞出控净油。

③ 另起油锅烧热，放入料酒、葱、姜末、蒜末、冬笋丁煸炒片刻，加入其他调料炒沸，放入鱼用微火烧至汁浓时，将鱼捞出放盘内；余汁加香油搅匀，浇在鱼上即成。

{制作要点} 先出鱼，后收汁，成品卤汁香浓，油润红亮。

竹笋青鱼

健康提示 | 常食竹笋可预防大肠癌。

{材 料} 青鱼1条，竹笋80克，料酒、葱姜汁、精盐、白糖、酱油、花椒油、香油、植物油各适量。

{做 法}

① 青鱼洗净切块，用料酒、葱姜汁、精盐拌腌入味，入热油锅炸至金黄色捞出；竹笋洗净切丝。

② 起油锅，烹入料酒，放入竹笋煸炒。

③ 放入青鱼，再放白糖、酱油翻炒匀，加少量水略炒，待收汁后淋入花椒油、香油即可。

{制作要点} 烹入料酒，可以让鱼肉更加鲜嫩爽口。

滑炒海带丝

健康提示 | 海带是一种含碘量很高的海藻。

{材 料} 海带100克，香菜15克，植物油、红干椒丝、大蒜、盐、酱油、米醋、香油各适量。

{做 法}

① 海带用温水浸泡至软，再用清水漂洗干净，切丝；香菜去根，切段；大蒜取瓣，到蒜泥；用盐、酱油、米醋和香油拌匀成芡汁。

② 起油锅放入海带丝、红干椒丝翻炒至熟。

③ 淋上调好的芡汁、蒜泥，加上香菜段拌匀即可。

{制作要点} 为保证海带鲜嫩可口，烹制时间不宜过久。

红油海带

健康提示 | 此菜能帮助内热者和胃促食。

{材 料} 海带500克，红干椒20克，姜、蒜、植物油、盐、花椒各适量。

{做 法}

① 海带洗净后切小片；姜、蒜捣蓉；红干椒切碎。

② 海带焯水，捞出。

③ 起油锅放入姜、蒜爆香，加红干椒、花椒、盐炒至出味，放入海带同炒匀即可。

{制作要点} 油和辣椒不必过多，适当有点辣味即可。

鲜蚬四季豆

健康提示 | 肠胃病患者不宜多食蚬肉。

{材 料} 鲜蚬肉150克，四季豆150克，胡萝卜50克，植物油、生姜、白糖、盐、水淀粉、香油、料酒各适量。

{做 法}

① 蚬肉洗净，沥干；四季豆切段；胡萝卜切丁；生姜切片。

② 起油锅放生姜、四季豆、盐煸炒入味至八成熟。

③ 再放入蚬肉、料酒、白糖炒至入味，加入调味料即可。

{制作要点} 烹调四季豆前应将茎摘除。

制作要点

豆腐与其他食材混合食用可提高蛋白质的利用率。

虾仁炒豆腐

{材 料}

豆腐300克，虾仁150克，鸡蛋1
个，盐、料酒、淀粉、植物油、
香油、姜、葱各适量。

{做 法}

❶ 豆腐切方丁，用开水焯
烫沥干；葱切花；姜切
片；虾仁洗净；用葱、姜
盐、料酒、淀粉、香油调
成芡汁。

❷ 用盐、料酒、淀粉、鸡
蛋搅拌均匀，把虾仁上浆
后和姜片放入油锅炒熟。

科学配餐：鲜炒黄鳝 （P236）

科学配餐：生菜牛肉 （P149）

❸ 加豆腐同炒匀后加入芡汁，迅速翻炒片刻撒葱花即可。

中老年人、孕妇、心
血管病患者、肾虚阳痿、
男性不育症、腰脚无力的
人尤其适合食用虾仁。

健康贴士

滑蛋鲜虾仁

健康提示 | 鸡蛋是较好的健脑食品。

🍅 {材料} 鲜虾仁250克，鸡蛋4个，淀粉、小苏打、芝麻油、葱花、精盐、植物油各适量。

🍮 {做法}

❶ 鲜虾仁洗净，沥干水分；鸡蛋敲开，分出一个蛋清，用盐、淀粉、小苏打一并搅成糊状，加入虾仁搅匀，放入冰箱腌制2小时。

❷ 将余放入的蛋液加盐、芝麻油、植物油搅拌成蛋浆。

❸ 起油锅放虾仁至金黄色捞起，放入蛋浆拌成鸡蛋料捞起，油倒出，原锅烧热放入鸡蛋料、葱花翻炒匀，炒至刚凝结即可。

🍳 {制作要点} 海鲜与含有鞣酸的水果同吃应间隔2小时。

红烧泥鳅

健康提示 | 此菜适宜身体虚弱者食用。

🍅 {材料} 泥鳅250克，青尖椒40克，植物油、酱油、料酒、醋、白砂糖、盐、葱、姜各适量。

🍮 {做法}

❶ 将泥鳅去泥洗净；葱切段；姜切片；青尖椒去蒂洗净，切圈。

❷ 起油锅放入葱段、姜片爆香，放入泥鳅煎至两面变色，加入料酒、酱油、醋、白糖、水和盐烧开。

❸ 小火煮至肉熟烂、汤浓，撒入青尖椒圈炒匀即可。

🍳 {制作要点} 将泥鳅放入冰箱冷冻，长时间都不会死掉。

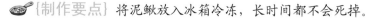

香辣蛤蜊

健康提示 | 适宜消化不良者。

🍅 {材料} 蛤蜊500克，红辣椒20克，葱、姜、蒜、植物油、豆豉酱、盐各适量。

🍮 {做法}

❶ 蛤蜊用盐水浸泡、洗净；红辣椒、葱切末；姜、蒜切片。

❷ 蛤蜊、姜片放入锅中，加清水煮至开口，捞出沥水。

❸ 起油锅爆香姜片、蒜片，放入蛤蜊、红辣椒翻炒，加盐、豆豉酱略炒，撒葱花即可。

🍳 {制作要点} 蛤蜊用盐水浸泡，可以清除蛤蜊内的泥沙。

胡萝卜虾米

健康提示 | 此菜适宜肾虚阳痿的人群。

{材 料} 胡萝卜1根，西芹30克，虾米80克，植物油、料酒、水淀粉、蒜蓉、姜末各适量。

{做 法}

① 胡萝卜、西芹均洗净，切丁。

② 烧锅放油爆香虾米，再放胡萝卜丁、西芹丁，略炒后一同捞出。

③ 另起锅，放入姜末、蒜蓉爆香，放入全部食材、料酒、盐调味，用水淀粉勾芡，炒匀即可。

{制作要点} 如果不喜欢料酒的口味，可以不加。

竹笋鱼片

健康提示 | 此菜可保大脑的供血。

{材 料} 竹笋200克，鲈鱼1条，葱、姜、蒜、植物油、精盐、胡椒粉各适量。

{做 法}

① 竹笋洗净切片；鲈鱼切片；姜、蒜捣蓉；葱切花。

② 起油锅爆香姜、蒜和清水，竹笋放入油锅炒至八成熟。

③ 放入鱼片，加盐、胡椒粉中火炒至熟，撒上葱花，起锅即可。

{制作要点} 竹笋根部发红，才是鲜嫩的。

双耳海蜇

健康提示 | 此菜适宜胃溃疡者。

{材 料} 海蜇皮150克，银耳、黑木耳各20克，植物油、麻油、盐、白砂糖、醋各适量。

{做 法}

① 银耳、黑木耳用温水泡发，洗净，撕成小朵，入沸水中稍焯，捞出沥水；海蜇皮用清水浸泡2天，捞出洗净，切丝。

② 海蜇皮放入沸水中略焯，捞出沥水。

③ 起油锅放入海蜇皮翻炒，再加入银耳、黑木耳炒匀，加盐、白砂糖、醋调味，淋麻油即可。

{制作要点} 海蜇要提前泡好，反复洗干净为止。

鸡蛋虾　　健康提示｜热病患者应少食此菜。

🦐 **{材 料}** 鸡蛋3个，鲜虾300克，植物油、盐、胡椒粉各适量。

🍽 **{做 法}**

① 鸡蛋打散；鲜虾去壳洗净。

② 起油锅，蛋液放入锅中炒至金黄色后盛出。

③ 原锅烧热放虾炒熟，鸡蛋回锅，加盐、胡椒粉拌炒均匀即可。

🍳 **{制作要点}** 炒虾时油不能多以免鸡蛋回锅后吸太多的油而很腻

葱花鱿鱼丝　　健康提示｜鱿鱼适宜脑血栓患者食用。

🦐 **{材 料}** 鱿鱼500克，植物油、姜丝、蒜蓉、葱、盐、醋各适量。

🍽 **{做 法}**

① 鲜鱿鱼洗净切丝。

② 起油锅，爆香姜、蒜，鱿鱼丝入锅，加盐、醋爆炒。

③ 撒葱花拌匀，起锅即可。

🍳 **{制作要点}** 鱿鱼炒至卷曲就说明已熟。

清鲜牡蛎　　健康提示｜此菜意在协平衡。

🦐 **{材 料}** 牡蛎300克，黄瓜1根，葱、猪油、盐、胡椒粉各适量。

🍽 **{做 法}**

① 牡蛎去壳洗净；黄瓜洗净切片；葱切葱花。

② 起油锅放入牡蛎和黄瓜翻炒至熟。

③ 放盐、胡椒粉炒匀，撒上葱花即可。

🍳 **{制作要点}** 放入牡蛎和黄瓜，不用炒得过熟。

海带鱿鱼丝 健康提示 | 此菜不适宜胃虚寒者。

{材 料} 海带、鱿鱼各300克，葱、姜、蒜、植物油、盐各适量。

{做 法}
1. 海带洗净泡发后切丝；鱿鱼洗净切丝；姜、蒜切丝；葱切花。
2. 起油锅放入姜、蒜爆香，放鱿鱼爆炒盛出。
3. 原锅烧热放入海带翻炒，鱿鱼回锅，加盐同炒，炒熟起锅即可。

{制作要点} 海带和鱿鱼都不能炒的太久，要控制好火候和时间。

蚬肉炒面筋 健康提示 | 生蚝高蛋白，低脂肪。

{材 料} 蚬肉150克，面筋100克，蒜苗30克，植物油、葱、姜、料酒、白糖、生抽、盐、香油各适量。

{做 法}
1. 蚬肉洗净；面筋切块；蒜苗、葱切段。
2. 起油锅放料酒、生抽、白糖、盐稍炒。
3. 将蚬肉、面筋、蒜苗先后放入，翻炒至匀后用水淀粉勾芡，淋入香油即可。

{制作要点} 面筋可提前用盐腌制，会更入味。

脆肚鱿鱼丝 健康提示 | 此菜有效地健身补虚。

{材 料} 鱿鱼400克，猪肚1个，葱、姜、大蒜、红干椒、植物油、盐、花椒、生抽各适量。

{做 法}
1. 鱿鱼泡发洗净切丝；猪肚洗净切丝焯水；姜、大蒜切丝；葱切花；红干椒切段。
2. 起油锅爆香姜、蒜和红干椒，放入鱿鱼和猪肚爆炒。
3. 放盐、花椒、生抽炒熟，撒葱花即可。

{制作要点} 市场鱿鱼有两种，一种是枪乌贼，一种是小管仔。

香菇鳕鱼

健康提示 | 鳕鱼能促进身体和脑部的供血。

{材料} 鳕鱼1条，香菇200克，大蒜、盐、植物油、花椒、淀粉各适量。

{做法}
1. 鳕鱼清理干净后划口，用油炸至金黄色捞出；香菇洗净剁碎；大蒜捣蓉；淀粉用水稀释。
2. 起油锅放入蒜蓉爆香，放香菇、盐、花椒和芡汁。
3. 鳕鱼回锅，翻炒至入味，起锅即可。

{制作要点} 以水鳕鱼、龙鳕鱼冒充的鳕鱼，食后可能会腹泻。

青鱼炒竹笋

健康提示 | 此菜有促消化、调气血的功效。

{材料} 青鱼1条，竹笋200克，姜、蒜、葱、植物油、盐、花椒各适量。

{做法}
1. 青鱼清理干净切块；竹笋切片；姜、蒜切片；葱切花。
2. 起油锅爆香姜、蒜和花椒，青鱼入锅炒香。
3. 加入适量清水，竹笋入锅，加盐炒至汁浓稠，撒葱花即可。

{制作要点} 加入清水，没过鱼即可。

鱼片金针菇

健康提示 | 此菜可防御癌症、肝病等。

{材料} 草鱼1条，金针菇200克，植物油、葱、蒜、盐、胡椒粉各适量。

{做法}
1. 草鱼清理干净，切片；金针菇洗净去根；蒜切片；葱切花。
2. 起油锅放入蒜片、金针菇翻炒后，加盐和胡椒粉。
3. 加入鱼片，收汁，鱼熟后，撒上葱花即可。

{制作要点} 鱼片不可过度翻炒。

章鱼木耳

健康提示 | 此菜对平衡寒热、血液循环有疗效。

{材 料} 章鱼300克，木耳200克，红尖椒、姜、蒜、植物油、盐、生抽、花椒各适量。

{做 法}

① 章鱼洗净切丝；木耳洗净去蒂切片；红尖椒切丝；姜、蒜切丝。

② 起油锅爆香姜、蒜、红尖椒，章鱼入锅，加盐和花椒爆炒，盛出。

③ 原锅烧热，木耳入锅，加盐炒熟，章鱼回锅，滴入生抽翻炒，起锅即可。

{制作要点} 章鱼和木耳需要爆炒才能脆而香。

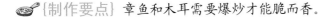

肉末海参

健康提示 | 此菜对糖尿病体虚者有益处。

{材 料} 海参1只，猪肉100克，植物油、鸡汤、葱花、姜末、蒜末、盐、生抽、耗油、水淀粉各适量。

{做 法}

① 海参泡发后洗净切片；猪肉洗净剁成肉末。

② 将发好的海参用鸡汤煨透。

③ 起油锅，放入肉末炒熟，加入葱花、姜末、蒜末翻炒几放入，再入海参，烹生抽、耗油，加盐炒匀，用水淀粉勾芡即可。

{制作要点} 用水淀粉勾芡时要注意火候，小心粘锅。

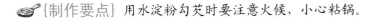

菠菜香菇炒虾

健康提示 | 此菜能通经络。

{材 料} 菠菜300克，香菇20克，鲜虾100克，植物油、姜、精盐各适量。

{做 法}

① 菠菜、香菇、鲜虾分别洗净；菠菜切段；香菇切丝；姜切丝。

② 小火起油锅后放入姜丝、香菇同炒。

③ 加入鲜虾、菠菜炒熟，放盐调味即可。

{制作要点} 虾比较易熟，不可炒太久。

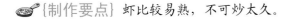

虾仁炒韭菜

健康提示 | 此菜利于通肺气、益脾胃。

{材　料} 韭菜300克，虾仁200克，植物油、蒜、姜、精盐各适量。

{做　法}

1. 韭菜洗净切段；虾仁洗净；蒜、姜切末。
2. 起油锅，放入虾仁炒至变色，盛出。
3. 另起油锅爆香蒜、姜，放韭菜翻炒，再放入虾仁同炒，加精盐炒匀即可。

{制作要点} 清洗韭菜先剪掉一段根，并用盐水浸泡一会再洗。

鱿鱼土豆

健康提示 | 此菜适宜脾胃虚弱、消化不良者。

{材　料} 鱿鱼100克，土豆2个，葱、蒜、植物油、盐、花椒各适量。

{做　法}

1. 鱿鱼洗净切段；土豆去皮切块；蒜捣蓉；葱切段。
2. 起油锅爆香蒜蓉，土豆、鱿鱼入锅，加盐、花椒煸炒至熟。
3. 撒葱段，起锅即可。

{制作要点} 可先在热水中焯烫土豆，会更易熟。

丝瓜蛤蜊

健康提示 | 此菜适宜糖尿病患者食用。

{材　料} 蛤蜊250克，丝瓜1根，香菇20克，植物油、葱末、蒜末、盐各适量。

{做　法}

1. 丝瓜洗净去皮，切片；蛤蜊放水泡洗干净；香菇洗净去蒂，切丝。
2. 起油锅放入葱末、蒜末炝锅。
3. 放入香菇、丝瓜、蛤蜊放锅中翻炒，最后放盐调味即可。

{制作要点} 翻炒时，火候要大，速度要快。

蛤蜊炒韭菜

健康提示 | 此菜有补血益气的功效。

{材 料} 韭菜300克，蛤蜊200克，植物油、姜、蒜、大盐、酱油各适量。

{做 法}

① 韭菜洗净切段；姜、蒜切末。

② 蛤蜊浸泡洗净，放入沸水锅煮至开口捞出，取出肉洗净。

③ 起油锅爆香姜、大蒜，韭菜入锅翻炒，加蛤蜊肉同炒片刻，加入酱油、盐调味略炒即可。

{制作要点} 烹调蛤蜊千万不要加味精。

西洋菜炒虾仁

健康提示 | 此菜有益气补肺之效。

{材 料} 西洋菜300克，虾仁200克，干辣椒10克，蒜、姜、植物油、盐、花椒粉各适量。

{做 法}

① 西洋菜洗净切段；虾仁洗净沥干；干辣椒切段；姜切片；蒜切末。

② 起油锅，爆香蒜、干辣椒，虾仁、姜入锅爆炒。

③ 放入西洋菜、盐和花椒拌炒熟即可。

{制作要点} 秋天可多吃西洋菜，对呼吸系统十分有益。

草鱼冬笋

健康提示 | 此菜对气血不畅、肺炎有食疗效果。

{材 料} 冬笋200克，草鱼肉150克，植物油、姜、蒜、盐、胡椒粉各适量。

{做 法}

① 草鱼肉洗净切片；冬笋切片；姜、蒜切片。

② 起油锅，放入姜、蒜爆香，加适量水煮沸。

③ 鱼片放入锅中煮沸，放入冬笋，加入精盐、胡椒粉中火煮熟，起锅即可。

{制作要点} 适量放入胡椒粉能有效去除鱼的腥土味。

科学配餐：红烧泥鳅（P224）

科学配餐：蜜汁香菇鸡（P108）

滑炒黑鱼丝

{材 料}

黑鱼1条，笋尖50克，鸡蛋1个、红尖椒1个，植物油、盐、料酒、淀粉、葱、香油各适量。

{做 法}

❶ 黑鱼洗净取肉，切条；笋尖、红尖椒均切丝；鸡蛋取蛋清；葱切段。

❷ 鱼丝加蛋清、淀粉上浆，放入油锅滑炒至熟。

黑鱼出肉率高、肉厚色白、红肌较少，无肌间刺，味鲜，通常用来做鱼片，以冬季出产为最佳。一般人群均可食用，有疮者不可食，令人瘢白。

健康贴士

❸ 原锅烧热放入笋丝煸炒，烹料酒，加入鱼丝翻炒匀，放葱段、红尖椒丝炒匀，淋香油即可。

虾米炒菜花　健康提示 | 此菜适宜脾胃不健者。

{材 料} 菜花250克，虾米30克，葱白、淀粉、植物油、蒜片、姜汁、精盐各适量。

{做 法}
1. 菜花洗净切块；葱白洗净切段。
2. 起油锅放入菜花、葱段、虾米氽断生捞出控油。
3. 原锅烧热放蒜片、姜汁、精盐煸香，放菜花、虾米、葱段翻炒至熟，用淀粉勾芡即可。

{制作要点} 虾米上红色成分已经褪色，说明虾青素已经被氧化。

黄瓜虾仁炒蛋　健康提示 | 黄瓜适宜酒精性肝硬化者。

{材 料} 鸡蛋2个，黄瓜1根，虾仁50克，精盐、料酒、葱、姜、胡椒粉、植物油各适量。

{做 法}
1. 黄瓜洗净切片，用精盐腌制片刻，洗净备用；葱切花；姜切末。
2. 虾仁洗净，加精盐、料酒、葱花、姜末拌匀；鸡蛋打入碗内，加精盐、胡椒粉搅拌均匀。
3. 起油锅放入蛋液翻炒，加入黄瓜和虾仁炒熟后加精盐调味即可。

{制作要点} 炒蛋时需多放些油，否则容易粘锅焦底。

蒜苗炒黑鱼片　健康提示 | 黑鱼适宜营养不良者食用。

{材 料} 黑鱼1条，蒜苗200克，植物油、料酒、姜、精盐、水淀粉、香油各适量。

{做 法}
1. 黑鱼取肉，切片，加精盐拌匀；蒜苗洗净，切段；姜洗净切丝；用香油、水淀粉踢调成芡汁。
2. 起油锅放入鱼片泡至仅熟，捞起。
3. 原锅烧热放入蒜苗、精盐和清水煸炒蒜心至熟，盛起沥干水分；净锅烧油放入姜丝、蒜苗、鱼片，用芡汁勾芡，烹入料酒，最后淋香油即可。

{制作要点} 蒜苗烹制时间不宜过长，以免杀菌作用降低。

豆角炒虾米

健康提示 | 豆角可补充机体的必须营养素。

{材 料} 豆角250克,虾米50克,料酒、盐、水淀粉、植物油、葱段、姜各适量。

{做 法}

❶ 豆角掐去两端,撕去豆筋,洗净切段;虾米泡发洗净,放碗里,用清水、葱段、姜片和料酒上笼蒸10分钟。

❷ 烧锅放入油放入豆角煸炒至将熟,捞出。

❸ 净锅烧油,放虾米、虾米汤汁,再放入豆角和盐,用中小火慢炒至汁将尽,用水淀粉勾芡即可。

{制作要点} 泡发虾米前先用清水冲洗烫。

虾米芥蓝

健康提示 | 此菜对于预防动脉过硬有一定的作用。

{材 料} 芥蓝400克,虾米50克,精盐、鸡精、水淀粉、植物油各适量。

{做 法}

❶ 芥蓝留主茎,去老皮,焯水后泡冷水切条。

❷ 虾米浸泡,洗净。

❸ 烧锅放油放芥蓝、虾米,加调味料翻炒即可。

{制作要点} 虾米可不泡发,起锅时先煸炒也可。

海带炒豆芽

健康提示 | 此菜可清热解毒、消肿除痹。

{材 料} 海带50克,豆芽100克,番茄1个,植物油、葱、姜、盐各适量。

{做 法}

❶ 海带洗净泡发切丝;豆芽洗净;番茄洗净切块;葱切花;姜切末。

❷ 海带放入沸水锅中略焯,捞出沥水。

❸ 起油锅爆香姜,将海带入锅翻炒,加豆芽、番茄同炒,加盐炒匀调味,撒葱花即可。

{制作要点} 豆芽、番茄入锅要大火快炒。

鲜炒黄鳝
健康提示 | 黄鳝具有健脾益肾的功效。

{材料} 黄鳝1条，植物油、胡椒粉、淀粉、生抽、盐、红辣椒、姜、葱各适量。

{做法}

① 黄鳝宰杀洗净，切金钱片；红辣椒、姜切丝；葱切碎。

② 把鳝鱼片用盐、胡椒粉、淀粉拌匀。

③ 起油锅放入姜丝炝锅，放鳝鱼、生抽翻炒至熟，撒上红辣椒、葱花，淋明油即可。

{制作要点} 黄鳝要旺火快炒，否则影响口感。

豆腐炒泥鳅
健康提示 | 泥鳅含维生素C量高于其他鱼类。

{材料} 泥鳅400克，豆腐200克，面粉30克，植物油、清汤、水淀粉、白糖、盐、料酒、米醋、酱油、葱丝、香油各适量。

{做法}

① 泥鳅剖腹去内脏，放沸水锅中氽烫，捞出放淡盐水里，洗去表面粘液；豆腐放沸水锅内稍煮，捞出过凉水，控干水分。

② 将泥鳅滚上一层面粉，放油锅内炸2分钟，捞出控油。

③ 另起油锅，放泥鳅和豆腐翻炒片刻，放清汤、酱油、盐、料酒、白糖和米醋炒沸至入味，用水淀粉勾芡，淋上香油，撒葱丝即可。

{制作要点} 豆腐翻炒力度不宜过大。

蒜香带鱼
健康提示 | 带鱼低脂肪，富含蛋白质。

{材料} 带鱼1条，植物油、酱油、精盐、醋、白糖、料酒、葱、大蒜、姜各适量。

{做法}

① 带鱼剁去头、鳍和尾尖，去内脏后洗净，斩件；葱切段；姜、大蒜切片。

② 起油锅将鱼段炸至外皮略硬，捞出沥油。

③ 另起油锅，放入葱段、姜片、蒜片煸炒，放入带鱼翻炒，加醋、白糖、酱油、料酒、精盐和水炒至汁浓稠，入味即可。

{制作要点} 最好选用土带鱼，口感好，味道鲜。

附录：常见食材营养成分表

	食物名称	重量(g)	水分(g)	蛋白质(g)	脂类(g)	糖类(g)	热能(kcal)	钙(mg)	磷(mg)	铁(mg)	钾(mg)	胡萝卜素(mg)	硫胺素(mg)	维生素B2(mg)	维生素B3(mg)	抗坏血酸(mg)
谷类及其制品	稻米(糙)	100	13.0	8.3	2.5	74.2	353	14	285	-	172	0	0.34	0.07	0	-
	稻米(粳)	100	14.0	7.1	2.4	74.5	348	13	252	-	110	0	0.35	0.08	2.3	0
	大麦米	100	11.9	10.5	2.2	66.3	327	43	400	4.1	231	0	0.36	0.10	4.8	0
	小米	100	11.1	9.7	3.5	72.8	362	29	240	4.7	239	0.19	0.57	0.12	1.6	0
	玉米(黄)	100	12.0	8.5	4.3	72.2	362	22	210	1.6	270	0.10	0.34	0.10	2.3	0
	高粱面(红)	100	16.3	7.5	2.6	70.8	337	44	-	-	-		0.27	0.09	2.8	0
	米粉	100	12.4	7.3	0.3	78.5	346	-	-	-	-	0				0
	米饭(标准米,碗蒸)	100	69.0	2.8	0.5	27.2	124	5	91	1.0	-	0	0.04	0.02	0.5	0
	面条	100	33.0	7.4	1.4	56.4	268	60	203	4.0	-	0	0.35	0.04	1.9	0
	油饼	100	31.2	7.8	10.4	47.7	316	25	153	-	290		0.14	-	2.2	0
	脆麻花	100	5.2	9.9	19.2	62.8	464	50	163	-	385		0.09	0.04	2.6	0
	小米粥	100	92.0	0.9	0.2	6.8	33	2	22	0.4	-		0.01	0.003	0.1	0
	窝窝头	100	54.0	7.2	3.2	33.3	191	33	151	2.1	-		0.15	0.07	1.0	0
	面筋(油)	100	28.8	29.0	29.5	11.6	428	48	149	8.0	81		0.14	0.07	2.4	0
干豆、硬果类及其制品	青豆	100	7.2	41.2	17.9	24.2	424	200	546	6.7	1780	-	0.66	0.32	1.9	0
	黄豆	100	10.2	36.3	18.4	25.3	412	367	571	11.0	1810	0.40	0.79	0.25	2.1	0
	黑豆	100	7.8	49.8	12.1	18.9	384	250	450	10.5	1759	0.40	0.51	0.19	2.5	0
	赤小豆	100	9.0	21.7	0.8	60.7	337	76	386	4.5	1230	-	0.43	0.16	2.1	0
	绿豆	100	9.5	23.8	0.5	58.5	335	80	360	6.8	1298	0.22	0.53	0.12	1.8	0
	芸豆(白)	100	1.3	23.1	1.3	56.9	332	165	410	7.3	-		0.50	0.25	1.7	0
	豇豆	100	13.0	22.0	2.0	55.5	358	100	456	7.6	1520		0.33	0.11	2.4	0
	豌豆	100	10.0	24.6	1.0	57.0	335	84	400	5.7	-	0.04	1.02	0.12	2.7	0
	花生	100	7.3	24.6	48.7	15.3	598	36	383	2.0	1004					0
	核桃	100	3.6	15.4	63.0	10.7	671	108	329	3.2	536	0.17	0.32	0.11	1.0	-
	杏仁(生)	100	5.8	24.9	49.6	8.5	580	140	352	5.1	716	0.10	-	-	-	10
	栗子	100	53.0	4.0	1.1	39.9	186	15	77	1.5	-	0.02	0.07	0.15	1.0	60
	松子仁	100	2.7	16.7	63.5	9.8	678	78	236	6.7	-	-	-	-	-	-
	白果	100	53.7	6.4	2.4	35.9	191	10	218	1.5	-	0.38	0.22	0.05	1.3	-
	莲子(鲜)	100	83.1	4.9	0.6	9.2	62	18	54	1.2	-	0.02	0.17	0.09	1.7	17
	莲子(干)	100	13.5	16.6	2.0	61.8	332	89	285	6.4	-		-	-	-	-
	豆浆	100	91.8	4.4	1.8	1.5	40	25	45	2.5	110	-	0.03	0.01	0.1	0
	油豆腐	100	45.2	24.6	20.8	7.5	316	156	299	9.4	149		0.06	0.04	0.2	0
	豆腐干(熏干)	100	65.2	18.9	7.4	5.9	166	102	205	5.3	162		0.05	0.05	0.2	0
	千张	100	41.2	35.8	15.8	5.3	307	169	303	7.0	36		0.03	0.04	0.1	0
	腐竹	100	7.1	50.5	23.7	15.3	477	280	598	15.0	705		0.21	0.12	0.7	0
	豆豉	100	25.8	19.5	6.9	24.9	240	130	183	4.2	-		0.07	0.34	2.4	0
	凉粉	100	95.0	0.02	0.01	4.9	20	2	1	0.9	-	0	-	-	-	0
	麻豆腐	100	84.0	10.4	0.5	3.8	61	63	94	8.7	-	0	0.04	0.02	0.2	0

附录	食物名称	重量 (g)	水分 (g)	蛋白质 (g)	脂类 (g)	糖类 (g)	热能 (kcal)	钙 (mg)	磷 (mg)	铁 (mg)	钾 (mg)	胡萝卜素 (mg)	硫胺素 (mg)	维生素 B2 (mg)	维生素 B3 (mg)	抗坏血酸 (mg)
水果和水果制品	苹 果	100	84.6	0.4	0.5	13.0	58	11	9	0.3	110	0.08	0.01	0.01	0.1	微量
	桃	100	87.5	0.8	0.1	10.7	47	8	20	1.2	–	0.06	0.01	0.02	0.7	6
	杏	100	85.0	1.2	0	11.1	49	26	24	0.8	370	1.79	0.02	0.03	0.6	7
	李	100	90.0	0.5	0.2	8.8	39	17	20	0.5	176	0.11	0.01	0.02	0.3	1
	草 莓	100	90.7	1.0	0.6	5.7	32	32	41	1.1	135	0.01	0.02	0.02	0.3	35
	柿(盖柿)	100	82.4	0.7	0.1	10.8	47	10	19	0.2	170	0.15	0.01	0.02	0.3	11
	石 榴	100	76.8	1.5	1.6	16.8	88	11	105	0.4	–	–	–	–	–	11
	枣(鲜)	100	73.4	1.2	0.2	23.2	99	14	23	0.5	–	0.01	0.06	0.04	0.6	540
	黑枣(无核)	100	47.2	1.9	0.2	47.7	200	–	–	–	–	–	–	–	–	–
	黑枣(有核)	100	37.6	1.8	0.2	56.2	234	–	–	–	–	–	–	–	–	–
	荔枝(鲜)	100	84.8	0.7	0.6	13.3	61	6	34	0.5	193	0	0.02	0.04	0.7	3
	桂圆(干)	100	26.9	5.0	0.2	65.4	283	30	118	4.4	–	0.10	0.6	2.5	34	
	芒 果	100	82.4	0.6	0.5	15.1	71	7	22	0.3	304	3.81	0.06	0.06	0.9	41
	枇 杷	100	91.6	0.4	0.1	6.6	29	–	–	–	–	–	–	–	–	–
	无花果干	100	18.8	4.3	0.3	74.2	317	270	96	2.9	–	–	–	–	–	–
	西 瓜	100	94.1	1.2	0	4.2	22	6	10	0.2	124	0.17	0.02	0.02	0.2	3
	香 蕉	100	77.1	1.2	0.6	19.5	88	9	31	0.6	472	0.25	0.02	0.05	0.7	6
	菠 萝	100	89.3	0.4	0.3	9.3	42	18	28	0.5	147	0.08	0.08	0.02	0.2	24
	橙	100	86.1	0.6	0.1	12.2	52	58	15	0.2	182	0.11	0.08	0.03	0.2	54
	橄 榄	100	79.9	1.2	1.0	12.0	62	204	60	1.4	469	–	–	–	–	21
	柠 檬	100	89.3	1.0	0.7	8.5	44	24	18	2.8	130	0	0.02	0.02	0.2	40
	甘 蔗	100	84.2	0.2	0.5	12.4	55	8	4	1.3	89	–	–	–	–	–
	葡 萄	100	87.9	0.4	0.6	8.2	40	4	7	0.8	124	0.04	0.05	0.01	0.2	微量
	葡 萄 干	100	14.6	2.6	0.3	78.9	329	64	132	2.1	–	0.04	0.03	0.05	0.5	–
	柿 饼	100	22.7	2.4	0.1	70.3	291	22	30	3.4	795	–	–	0.03	0.4	–
	蜜 枣	100	18.6	1.3	0.1	77.2	315	–	–	–	–	–	–	–	–	–
蔬菜和蔬菜制品	大 白 菜	100	95.6	1.1	0.2	2.1	15	61	37	0.5	199	0.01	0.02	0.04	0.3	20
	小 白 菜	100	93.3	2.1	0.4	2.3	21	163	48	1.8	–	2.95	0.03	0.08	0.5	60
	油 菜 心	100	95.3	1.4	0.1	2.2	15	41	40	0.6	173	0.10	0.04	0.03	0.3	20
	油 菜 薹	100	92.8	2.2	0.8	2.2	25	130	53	0.2	225	1.83	0.05	0.06	0.6	49
	紫 菜 薹	100	95.8	1.3	0.2	1.4	13	18	37	0.8	200	–	–	–	–	66
	圆白菜(甘蓝,洋白菜)	100	94.4	1.1	0.2	3.4	20	32	20	0.3	200	0.02	0.04	0.04	0.3	38
	芥 蓝	100	91.0	2.7	0.3	3.5	28	100	56	1.9	345	2.00	0.07	0.15	0.9	76
	芥菜(大叶芥菜)	100	92.5	1.9	0.1	3.4	22	69	39	1.3	332	1.69	0.04	0.09	0.5	56
	芥菜(小叶芥菜)	100	90.8	1.9	0.2	4.7	28	–	–	–	–	3.28	0.06	0.13	0.8	80
	雪 里 蕻	100	91.0	2.8	0.6	2.9	28	235	64	3.4	401	1.46	0.07	0.14	0.8	83
	苋菜(青)	100	90.1	1.8	0.3	5.4	32	180	46	3.4	577	1.95	0.04	0.16	1.1	28
	苋菜(红)	100	92.2	1.8	0.3	3.3	23	200	46	4.8	473	1.87	0.04	0.13	0.3	38
	菠 菜	100	91.8	2.4	0.5	3.1	27	72	53	1.8	502	3.87	0.04	0.13	0.6	39

附录	食物名称	重量 (g)	水分 (g)	蛋白质 (g)	脂肪 (g)	糖类 (g)	热能 (kcal)	钙 (mg)	磷 (mg)	铁 (mg)	钾 (mg)	胡萝卜素 (mg)	硫胺素 (mg)	维生素B₂ (mg)	维生素B₃ (mg)	抗坏血酸 (mg)
蔬菜和蔬菜制品	空心菜	100	90.1	2.3	0.3	4.5	30	100	37	1.4	–	2.14	0.06	0.16	0.7	28
	生菜	100	95.3	1.3	0.1	2.1	15	40	31	1.2	250	1.42	0.06	0.08	0.4	10
	莴笋	100	96.4	0.6	0.1	1.9	11	7	31	2.0	318	0.02	0.03	0.02	0.5	1
	香菜	100	88.3	2.0	0.3	6.9	38	170	49	5.6	631	3.77	0.14	0.15	1.0	41
	芹菜叶	100	88.4	3.2	0.8	3.8	35	61	71	0.4	126	3.12	0.12	0.18	0.9	29
	韭黄	100	94.0	1.5	0.1	3.3	20	17	14	1.8	–	微量	0.03	0.04	0.5	7
	韭菜	100	92.0	2.1	0.6	3.2	27	48	46	1.7	290	3.21	0.03	0.09	0.9	39
	青蒜	100	89.4	3.2	0.3	4.9	35	30	41	0.6	340	0.96	0.11	0.10	0.8	77
	蒜苗	100	86.4	1.2	0.3	9.7	46	22	53	1.2	183	0.20	0.14	0.06	0.5	42
	大蒜	100	69.8	4.4	0.2	23.6	113	5	44	0.4	130	0	0.24	0.03	0.9	3
	洋葱	100	88.3	1.8	0	8.0	39	40	50	1.8	138	微量	0.03	0.02	0.2	8
	茭白（茭瓜）	100	92.1	1.5	0.1	4.6	25	4	43	0.3	284	微量	0.04	0.05	0.6	3
	香椿	100	83.3	5.7	0.4	7.2	55	110	120	3.4	548	0.93	0.21	0.13	0.7	56
	菜花（菜花）	100	92.6	2.4	0.4	3.0	25	18	53	0.7	316	0.08	0.06	0.08	0.8	88
	金针菜（干）	100	11.8	14.1	0.4	60.1	300	463	173	16.5	–	3.44	0.36	0.14	4.1	0
	青萝卜	100	91.0	1.1	0.1	6.6	32	58	27	0.4	–	0.32	0.02	0.03	0.3	–
	白萝卜	100	91.7	0.6	0	5.7	25	49	34	0.5	196	0.02	0.02	0.04	0.5	30
	胡萝卜（红）	100	89.3	0.6	0.3	8.3	38	19	29	0.7	–	1.35	0.04	0.04	0.4	12
	甘薯（红薯）	100	67.1	1.8	0.2	29.5	127	18	20	0.4	503	1.31	0.12	0.04	0.5	30
	土豆	100	79.9	2.3	0.1	16.6	77	11	64	1.2	502	0.01	0.10	0.03	0.4	16
	山药	100	82.6	1.5	0	14.4	64	14	42	0.3	452	0.02	0.08	0.02	0.3	4
	芋头	100	78.2	2.2	0.1	17.5	80	19	51	0.6	218	0.02	0.06	0.03	0.07	4
	木薯	100	69.4	1.0	0.2	28.0	118	85	30	1.3	–	–		0.08	0.9	22
	芥菜头	100	89.5	1.2	0.1	6.1	30	39	37	1.0	447	–	0.06	0.06	0.7	44
	紫菜头（红甜菜）	100	86.2	2.2	0.2	9.4	48	30	49	0.8	346	0.01	0.02	0.05	0.3	27
	豌豆苗	100	90.0	4.9	0.3	2.6	33	–	–	–	–	1.59	0.15	0.19	0.6	53
	蚕豆	100	77.1	9.0	0.7	11.7	89	15	217	1.7	448	0.15	0.33	0.18	2.9	12
	冬瓜	100	96.5	0.4	0	2.4	11	19	12	0.3	136	0.01	0.01	0.02	0.3	16
	黄瓜	100	96.9	0.6	0.2	1.6	11	19	29	0.3	–	0.13	0.04	0.04	0.3	6
	西葫芦	100	95.3	0.9	0	2.9	15	24	11	0.2	84	0.02	0.02	0.03	0.2	6
	丝瓜	100	92.9	1.5	0.1	4.5	25	28	45	0.8	156	0.32	0.04	0.06	0.5	8
	春笋	100	92.0	2.1	0.1	4.4	27	11	57	0.5	553	–	–	–	–	–
	冬笋	100	88.1	4.1	0.1	5.7	40	22	56	0.1	587	0.08	0.08	0.08	0.6	1
	姜	100	87.0	1.4	0.7	8.5	46	20	45	7.0	387	0.18	0.01	0.04	0.4	4
	藕	100	77.9	1.0	0.1	19.8	84	19	51	0.5	497	0.02	0.11	0.04	0.4	25
	藕粉	100	10.2	0.8	0.5	87.5	358	4	8	0.8	–	–		–	–	–
	慈姑	100	66.0	5.6	0.2	25.7	127	8	260	1.4	1003	–	–	–	–	–
	百合	100	65.1	4.0	0.1	28.7	132	9	91	0.9	490	–	–	–	–	–
	黄豆芽	100	77.0	11.5	2.0	7.1	92	86	102	1.8	330	0.03	0.17	0.11	0.8	4
	绿豆芽	100	91.9	3.2	0.1	3.7	29	23	51	0.9	160	0.04	0.07	0.06	0.7	6
	毛豆	100	69.8	13.6	5.7	7.1	134	100	219	6.4	579	0.28	0.33	0.16	1.7	25

图书在版编目（CIP）数据

精选好学易做家常小炒 / 黄远燕主编. -- 南京 ：
江苏美术出版社，2013.3
（百姓家生活馆）
ISBN 978-7-5344-5702-9

Ⅰ．①精… Ⅱ．①黄… Ⅲ．①家常菜肴－菜谱 Ⅳ.
①TS972.12

中国版本图书馆CIP数据核字(2013)第042951号

出 品 人　周海歌

策划编辑　张冬霞
责任编辑　曹昌虹
　　　　　樊旭颖
装帧设计　意童设计室
版式设计　意童设计室
责任监印　朱晓燕

出版发行　凤凰出版传媒股份有限公司
　　　　　江苏美术出版社（南京市中央路165号　邮编：210009）
　　　　　北京凤凰千高原文化传播有限公司
出版社网址　http://www.jsmscbs.com.cn
经　　销　全国新华书店
印　　刷　深圳市彩之欣印刷有限公司
开　　本　889×1194　1/24
印　　张　10
版　　次　2013年4月第1版　2013年4月第1次印刷
标准书号　ISBN 978-7-5344-5702-9
定　　价　29.80元

营销部电话 010-64215835 64216532
江苏美术出版社图书凡印装错误可向承印厂调换 电话：010-64216532